양과자 세계사

HISTOIRE · DE · LA · PÂTISSERIE

| 요시다 기쿠지로 著 · 이은종 譯 |

BnCworld

- 머리말 -

이번에 뜻밖에도 졸저(拙著) 『양과자의 세계사』의 한국어판을 출간하게 되어 저자로서 기쁘기 그지없습니다. 저자라면 누구나 한 사람이라도 더 많은 독자가 자신의 책을 읽어주길 바라겠지요. 더욱이 외국의 독자가 읽어준다면 매우 기쁜 일이겠지요. 또 본서에 의해 빵·과자의 족적을 조금이나마 소개할 수 있다면 저자로서 더 바랄 게 없습니다.

다만 아시는 바와 같이 번역이란 작업이 매우 어렵고 한편으로는 델리케이트한 일이어서 큰 뜻은 전할 수 있어도 세부적으로 미세한 뉘앙스를 전하는 데는 아무래도 부족한 부분이 적잖이 있을 것입니다.

이것이 번역의 어려움이겠지요. 본서도 마찬가지여서 역자가 만전을 기한다고 해도 역시 그 같은 부분이 있을 것입니다. 그것은 결코 역자의 책임이 아니라 원문의 부족함과 저자의 부덕함 때문이니 부디 양해해주시기 바랍니다.

한편 이번 책을 내면서 부분적으로 고치거나 추가한 내용이 있음을 밝혀두는 바입니다. 왜냐하면 아무래도 원서는 1986년에 출판된 것이어서 그로부터 20년이 지난 오늘날, 새로운 사실이 밝혀지거나 다소 잘못된 표기 등이 있기 때문입니다. 이런 것들을 이번 기회에 가능한 선에서 고쳤습니다. 그러나 아직도 부족한 부분이 있거나 오기(誤記) 등에 대해서는 후세에 맡기도록 하겠습니다.

마지막으로 한국어판 출판에 관해 깊은 관심을 가지고 번역의 노고까지 맡아주신 이은종 씨 및 본서의 한국어판 출판을 실현할 수 있도록 애써주신 ㈜비앤씨월드 장상원 대표님, 또 출판에 흔쾌히 동의해 준 製菓実験社 金子恵里子 사장님 등 본서의 출판에 관계한 모든 분들께 진심으로 깊은 감사를 드리는 바입니다.

저자 吉田菊次郎 (요시다 기쿠지로)

우리나라에 빵·과자가 전래된 지 백 여년이 흘렀지만, 아직까지 이에 대한 변변한 역사서 하나 없는 것이 항상 안타까웠습니다.

그러던 중 요시다 기쿠지로(吉田菊次郎) 씨의 '洋菓子の世界史'를 번역하여 보급하는 것이 오랜시간 제과업계에 몸담은 한 사람의 기술인으로서 나름 보람된 일이 아닐까 생각하고 겁없이 번역을 시작하였습니다.

현장 기술인으로 살아오면서 틈틈이 익힌 일본어였지만 역사서를 번역하기엔 저의 실력이 아주 많이 부족했습니다. 그렇지만 사명감으로 시작한 일을 중도에 그만둘 수도 없어 번역가 윤지나 씨의 도움을 받아가며 1년 여 동안 원고를 가다듬어 한권의 책으로 펴낼 수 있게 되었습니다.

이 책을 번역하면서 역사서는 언어실력만으로 할 수 없는 또 다른 벽이 있음을 실감했습니다. 본서에 언급된 역사적 사실들을 일일이 확인해야 했으며, 외래어 표기법 또한 일본어와 우리 말이 너무 달라 이를 바로 잡느라 많은 시간을 할애해야 했습니다. 이 점에 있어 비앤씨월드 편집진에게 특별한 감사를 표하고 싶습니다.

또한, 원서인 '양과자의 세계사'에 실리지 않은 '양과자 역사연표'를 합본하여 일본에도 없는 충실한 역사서를 낼 수 있도록 협조해 준 원저자 요시다 기쿠지로 씨에게도 깊은 감사를 드리고, 이 책이 완성되고 출간될 수 있도록 도와주신 모든 분들께 감사를 드립니다.

아무쪼록 우리나라 최초의 양과자 역사서가 될 이 번역본이 국내 제과산업 발전에 조금이라도 보탬이 될 수 있다면 역자로서는 더한 보람이 없을 것입니다.

역자 이은종

CONTENTS

VIII. 근대

I.
선사시대

인류의 기원

지금으로부터 약 800만 년 전, 이 지상에는 이미 원인(猿人)이라 불리는 우리들의 먼 선조가 살고 있었다. 그들은 아직 인간이라고는 할 수 없는 이른바 원숭이와 인류의 중간적 존재로 인식되고 있다. 그런데 식문화의 기원을 찾기 위해 이 시대까지 거슬러 올라가는 것은 무리가 있는 듯하다. 조금 더 현대로 내려가 보자.

지금으로부터 약 50~30만 년 전은 지질시대였다. 이 시대는 역사적 표기에 따르면 신생대 제4기 전반인 홍적세, 이른바 제1간빙기에 해당한다. 이 시기에 드디어 지상 여기저기에 직립보행을 하는 원인(猿人)이 나타났다. 후세들은 이들을 각각의 특징이나 발굴 장소 등에 따라 피테칸트로푸스 에렉투스(직립원인), 시난트로푸스 페키넨시스(베이징원인) 등으로 명명했다.

이후 구인(舊人)이라 불리는 네안데르탈인이 나타났고 빙하시대 말기에 해당하는 5~3만 년 전에는 우리와 가장 가까운 선조로 알려진 현생인류 호모사피엔스 크로마뇽인이 나타났다. 그들을 구인들과 구별해 신인이라고도 부른다.

그럼, 유사이전시대의 인류는 과연 무엇을 먹고 살았을까? 그들은 천적인 덩치가 큰 동물들을 피해 몸을 보호하고 야산에서 야생의 과일이나 나무 열매를 따 먹었다. 마가목이나 도토리, 보리의 낟알 같은 것들이었다. 그리고 때론 강가나 바닷가로 나가 생선을 잡거나 조개를 잡았다. 도마뱀이나 영원(도롱뇽과 비슷한 양서류), 고슴도치, 개구리 등과 같은 작은 동물을 잡는 자도 있었다. 인간은 애초부터 잡식동물이었던 것이다. 이런 생활을 자연물채집경제라고 한다.

불의 사용

놀랍게도 그들은 이미 불의 사용법을 터득하고 있었다. 그렇다면 과연 인류는 언제부터 불을 사용했던 것일까? 유추해 보면 과거 어느 시기에 용기 있는 자가 하늘에서 내려오는 불, 즉 낙뢰로 인해 발생하는 산불이나 땅에서 생겨나는 불인 화산의 분화, 혹은 석유, 천연가스, 석탄 등이 자연 발화해 발생하는 불을 손에 넣는 데 성공했을 것이다. 이러한 용기가 바로 인류를 비약적으로 발전시켰다. 그때까지 두려워하기만 했던 이 신비한 불이라는 존재를 자유자재로 다루게 됨으로써 위험하기 그지없는 다른 동물들로부터 몸을 보호할 수 있다는 사실을 알게 되었고, 또한 잡은 어패류나 여러 동물들의 고기를 익혀 먹는 방법도 알게 되었다. 이것이 가장 원시적이면서 가장 기본적인 '조리'의 시초이다.

도구의 사용

조금 더 시간을 내려가 보자. 인류는 역시 생각하는 동물이다. 사람들은 다른 생물을 잡기 위해 다양한 도구를 고안해 냈다. 산이나 벌판에서는 나뭇가지를 이용해 창을 만들고 덩굴을 이용해 활이라는 날아가는 도구를 만들어 자신들보다 몸도 크고 힘도 세고 발이 빠른 동물들을 쫓았고, 바다나 하천에서는 물고기나 동물들의 작은 뼈를 이용해 낚시 바늘을 만들어 먹을 것을 마련했다. 상당히 고도의 수렵·어로경제로 들어선 것이다.

이처럼 인위적으로 무엇인가를 포획할 수 있게 되면서 더 이상 야산을 배회할

고대이집트의 농경
보리 이삭을 소가 밟게 하는
방법으로 탈곡하고 있다.
(테베, 멘나의 무덤 벽화)

필요가 없게 되자 자연히 사람들은 일정한 지역을 중심으로 정착해 생활하기 시작했다. 하나의 영역을 가지고 정주생활(定住生活)에 들어간 것이다. 이 두 가지 경제(자연물채집경제 및 수렵·어로경제)는 구석기시대에서 중석기시대에 걸쳐 있었다. 이 두 시대를 거쳐 신석기시대에 들어서자 생활도 상당한 수준의 진전을 보이게 됐다. 그리고 식량생산혁명이라 불리는 농경·목축경제가 시작됐다.

정리하면 인간은 자연채집생활을 하다가 곡물의 씨를 뿌려 재배하는 법을 알게 되었고, 그때까지는 쫓아다니며 수렵하는 대상으로만 여겼던 동물을 온순한 동물에 한해 사육하고 그 젖을 이용하는 생활을 하게 되었다. 그리고 이러한 농경과 목축의 발달이 제과제빵의 기원이 되었다.

하늘이 내린 선물, 밀

훗날 중요한 역할을 하는 먹을거리가 바로 보리이다. 보리 중에서도 식량으로서 비중이 큰 밀은 원래 아비시니아라는 지역이 원산지인 것으로 알려져 있다. 오늘날의 밀은 이삭에 밀알이 많이 열리고 또 이것이 당연한 것처럼 받아들여지지만, 사실 밀이 처음부터 그랬던 것은 아니다.

원시적인 밀은 염색체도 일곱 쌍밖에 되지 않았고 밀알도 이삭 끝에 겨우 한 알밖에 열리지 않았다. 그랬던 야생밀이 어느 시기에 우연히 다른 종류의 벼과식물과 자연교배해 열네 쌍의 염색체를 가진 밀이 생겨났다. 이 밀은 이전의 것에 비해 꽤 이삭도 크고 알도 여러 개 열렸다.

이후 사람의 손으로 재배하게 되면서 품종이 개량되어 염색체 수도 그 두 배인 스물여덟 쌍으로 늘어났다. 그러나 이 밀은 아직 딱딱해서 기껏해야 동물의 사료나 다른 것과 섞어 반죽하는 원료로밖에는 이용되지 못했다.

그러던 어느 날, 또 다시 자연이 은혜를 베풀었다. 다시 한 번 다른 종류의 벼과식물과 자연교배가 이루어져 염색체가 열네 쌍인 밀이 스물한 쌍인 밀로 재탄생한 것이다. 이것은 당시의 다른 밀에 비해 밀알이 부드러워 조리하기 쉬웠다. 이렇게 되면서 밀을 사용할 수 있는 범위도 비약적으로 늘어났다. 오늘날 밀이라고 하면 대부분 이 종류를 가리킨다. 이 무렵에는 이밖에도 보리의 종류로 대맥, 호밀 등이 생겨났다. (참고 _『프랑스요리의 역사』, 산요(三洋)출판무역)

콩피즈리의 기원

꿀 채집을 하고 있다. 구석기 시대 전기, 기원전 10,000~5,000년 (스페인, 아라니아 동굴 벽화)

인류가 의도적으로 처음 사용한 감미원은 과실과 벌꿀이었다. 처음 미각적으로 즐거움을 주는 단맛을 경험한 사람들의 기쁨은 어느 정도였을까? 사람들은 이 기쁨을 더욱 발전시키기 위해 다양한 지혜를 모았다. 단순히 찰나적으로 미각을 즐기는 것이 아니라 이를 조금 더 적극적으로 활용해야겠다고 생각한 것이다. 사람들은 채집한 다양한 과실을 꿀에 절이면 더 오래 보관할 수 있다는 것을 알게 되었다.

과자는 오늘날의 시각에서 보면 생과자나 구움 과자를 중심으로 한 파티스리Pâtisserie, 초콜릿이나 봉봉을 포함한 당과 콩피즈리 Confiserie, 마지막으로 아이스크림이나 셔벗으로 대표되는 글라스 Glace등 세 가지로 나눌 수 있다. 이 중 콩피즈리는 과거 과실을 꿀에 절이던 것에서 발전해 온 것이다. 벌꿀 사용에 관해서는 지금으로부터 약 만 년 전 벽화에 이미 벌이 등장하고 있다. 그리고 5000년 전 선고대의 이집트 왕은 꿀벌을 새긴 문양을 사용했고 그의 유적에서는 벌꿀이 발굴됐다. 이를 보더라도 당시 벌꿀이 얼마나 귀한 것이었는지 알 수 있다.

젖의 이용

후세에 과자의 주원료가 되는 유제품은 처음에는 개를 사육하다가 점차 산양,

양, 소 등을 사육하게 되면서 그 젖을 이용하게 된 것이다. 처음에는 동물의 젖을 그대로 마셨으나 시간이 흐르면서 일부에서 응유(凝乳)의 형태로 이용하게 되었다. 후에 이것이 발효를 거쳐 치즈로 발전하게 된다. 그리고 식품가공으로까지 확산되어 갔다. 다양한 과실과 식품에 물이나 우유를 넣고 끓여 미음이나 죽 형태로 만들었고 더 나아가서는 가루로 만들어 소량의 물을 넣고 반죽해 구워먹는 방법도 터득했다. 이것이 넓은 의미에서 파티스리의 원형으로 이어진다.

염분

인간은 생존에 꼭 필요한 염분을 처음에는 뭔가를 태운 재나 야생동물의 고기에 포함된 나트륨에서 섭취했다. 그러다가 가공식 시대부터는 미음이나 죽, 납작하게 구운 빵 모양의 음식에 암염(岩鹽)이나 염호(鹽湖), 염수 늪에서 채취한 소금을 첨가했다. 소금을 구하기 위해 경우에 따라서는 아주 멀리 떨어진 곳이나 깊은 산골짜기까지 간 것을 보면 당시에 소금이 매우 귀한 물건이었음을 엿볼 수 있다. 그런데 감미원과 함께 당시 귀했던 염분에 대해 살펴보다 보면 상당히 흥미로운 사실을 알 수 있다.

우리 몸의 약 13분의 1을 차지하는 혈액은 염분(나트륨)을 포함하고 있다. 이는 인체의 세포 외 양이온의 90퍼센트를 차지하고 있고 PH는 7.35~7.45라고 한다. 그렇다면 우리 몸에는 왜 염분이 있으며 또 왜 염분을 필요로 하는 것일까? 인류도 다른 생물들과 마찬가지로 바다 속에서 생겨나 진화했다는 증거로 보는 견해도 있다. 우리 몸은 지금도 염분을 필요로 한다. 그렇기 때문에 평소 우리들이 식사를 할 때 약간의 염분이 가미돼야 맛이 있다고 느끼는 것이다. 음식과 신체의 관계에는 이렇듯 과학이 존재한다. 당과 염분을 비롯해 사람들은 살면서, 또 생활을 즐기면서 다양한 방법을 통해 필요로 하는 미각을 추구해 왔다.

다음 장에서는 유사초기를 살펴보자. 이 시기에는 모든 것이 밀로부터 시작됐고 이것은 곧 식문화의 개막을 의미한다.

Ⅱ.
이집트시대
(고대문명시대)

나일강문명

 고대문명시대는 기원전(BC) 3500년부터 500년까지 약 3000년 동안 수많은 왕조가 영화를 누렸던 시대이다. 이집트에서는 BC 3500년경부터 문화가 싹트기 시작해 점차 국가의 모습을 갖춰가고 있었고 왕조가 생겨난 후 30대를 이어갔다. 1~11대 왕조를 고왕국(BC 2850~2050년), 12~17대 왕조를 중왕국(BC 2050~1570년), 18~30대 왕조를 신왕국(BC 1570~525년)이라 부른다.

 나일강 유역에서 꽃을 피운 이집트문명과, 티그리스강과 유프라테스강 유역의 메소포타미아문명, 인더스강과 갠지스강 유역의 인더스문명, 황하강과 양쯔강 유역의 황하문명 등 이른바 4대문명은 인류번영의 초석이 되었다. 그리고 이들 지역은 과자의 발상지이기도 하다. 이 시대에 접어들면서 농경은 크게 발달해 사람들은 식용에 적합한 곡물을 재배하게 되었다.

고대 이집트 빵. 섬유로 짠 접시에 올린 두 장의 얇은 빵.
고대 이집트 신왕조시대. 나일강 상류에 자리한
고도 테베에서 발굴. 기원전 1250년 *(런던대영박물관)*

고대 이집트 밀빵
(오스트리아, 빈 미술관)

식문화의 개막 _ 빵의 등장

 빵 만드는 법을 알게 된 건 우리 인류에게 매우 중요한 사건 중 하나이다. 빵 만드는 법을 알기까지는 여러 과정이 있었겠지만 대략 다음과 같은 과정이 있었을 것으로 추측된다.

먼저 고왕국시대 사람들은 보리를 돌로 찧거나 돌절구로 빻아 가루로 만든 다음 죽과 같은 형태로 만들어 먹는 법을 알게 되었다. 이는 큰 진보라 할 수 있고 이렇게 한두 가지 과정을 거쳐 죽으로 만들어 먹었다는 사실은 큰 의미를 갖는다. 보리는 그대로, 또는 잘게 빻으면 뿔뿔이 흩어지는데 여기에 물을 부으면 모양을 만들기 쉽다는 사실을 알게 되었기 때문이다.

이 죽은 어떤 우연한 계기에 매우 걸쭉한 상태로 만들어졌다. 이를 손으로 반죽해 하나의 형태로 만들어 보니 그 형태가 그대로 유지된다는 사실도 알게 되었다. 그런 다음 이를 뜨거운 돌 위에 올려 봤고 그랬더니 수분이 증발하면서 구워졌다. 이것이 이른바 가장 원시적인 빵의 형태이다. 그리고 이 딱딱한 빵이야말로 인류가 처음 인위적으로 만들어낸 음식이다. 오늘날 대부분의 유럽의 식문화가 이를 기점으로 시작되었다.

빵의 형제 맥주

걸쭉한 죽은 역사적으로 종종 일어나는 우연에 의해 평소보다 많이 만들어진 경우가 있었을 것이고 이는 귀한 식량이니 버릴 수 없었다. 그래서 '단지' 같은 용기에 넣어 보관하게 되었는데, 시간이 지나 다시 열어보니 죽에서 이상한 소리가 나고 모양도 표면이 부풀어 올라 전체적으로 크게 팽창해 있었다. 이것이 바로 인류가 처음 목격한 '발효'라는 현상이다.

물론 이를 처음 본 사람들은 못 먹게 된 줄 알고 바로 버렸을 것이다. 그런데 여러 번 같은 현상을 목격하게 되면서 시험 삼아 그 상태로 평소처럼 구워봤을 것이다. 그런데 이렇게 완성된 것은 그때까지 먹어왔던 딱딱한 것과 달리 훨씬 부드럽고 맛도 그다지 나쁘지 않았다. 그래서 사람들은 그 이후부터 이렇게 만들어 먹어야

겠다고 생각했다. 이전의 딱딱한 것도 빵은 빵이지만 이 시점부터 생겨난 것이 바로 우리가 요즘 말하는 빵의 시조라고 할 수 있다.

부드러운 빵이 생겨난 지 얼마의 시간이 지난 후 사람들은 보통의 맑은 죽에서도 비슷한 경험을 하게 됐다. 죽을 방치했더니 마찬가지로 표면에서 묘한 소리가 나면서 거품이 생기는 것을 본 것이다. 이때도 처음에는 상한 것이라고 생각하고 버렸을 것이다. 그러던 어느 날, 역시 용기 있는 자가 나타나 조심스럽게 맛을 봤다. 그리고 의외로 버릴 정도는 아니라고 생각했다.

거품이 생긴 죽은 약간 혀를 쏘았지만 그것이 오히려 상쾌하게 느껴지고 약간 쓴 맛이 나는 것이 나쁘지는 않았다. 그리고 조금 멍해지면서 뭔지 모르게 기분이 좋아졌다. 그렇다. 이것이 바로 맥주의 시작이다. 같은 보리인데 하나는 빵으로, 그리고 조금 늦게 하나는 맥주가 된 것이다. 그리고 이 두 가지는 오늘날 우리 생활 속에 확실히 자리 잡았고 전 세계로 퍼져 나갔다.

빵의 발전

이렇게 탄생한 빵은 티그리스강과 유프라테스강 사이에 있는 메소포타미아에서도 결실을 맺어 갔다. 이 지역은 수메르인과 칼데아인이 살았고 바빌로니아문명이 꽃피운 곳이다. 그들은 앞에서도 언급했듯이 보리로 빵과 맥주를 만들 줄 알았다. 이 기술은 또 하나의 문명권인 이집트에서와 마찬가지로 크게 발달했다. 이집트에서는 초기에 다양한 보리가 사용된 것으로 알려져 있는데 이들은 이 과정에서 많은 것은 알게 되었다. 먼저 빵은 대맥, 즉 보리로 만들면 제대로 부풀지 않고 먹을 때의 느낌이 그다지 좋지 않다는 것이다. 역시 빵은 소맥, 즉 밀로 만들어야 잘 부푼다는 것을 알게 되었다.

이 시대 이후 지금까지도 빵은 밀가루가 주류를 이루고 있다. 세계 여러 나라들을 살펴보면 당시를 연상케 하는 빵들이 얼마든지 있다. 예를 들어 서아시아나 중

신석기시대 빵 굽는 가마 모형.
기원전 2000년경
(독일 울름의 빵박물관)

앙아시아에 가면 빵을 만들 때 일반적으로 사용하는 이스트를 사용하지 않는 차파티, '난' 또는 '눈'이라고 하는 납작하고 큰 짚신모양의 빵이 있다. 이 빵은 당시와 크게 다르지 않을 법한 방법으로 반죽을 만들고 이를 얇게 편 상태에서 그대로 발효시킨다. 그런 다음 안길이가 긴 돌 아궁이 안에 작은 돌을 깔고 가열해 뜨거워지면 돌 위에 반죽을 붙여 구워낸다. 뜨거운 날씨의 사람들은 이 빵으로 양고기 등을 싸서 먹는다. 이 음식이 바로 널리 알려져 있는 시시케밥이다. 이것을 보고 있으면 빵의 원형을 보고 있는 듯한 느낌이 든다.

효모의 이용

시간이 지나면서 반죽을 방치하는 방법으로만 발효를 시키는 것이 아니라 조금 더 적극적이고 인위적인 방법으로 발효를 시키게 되는데 이것이 바로 효모의 이용이다. 사람들은 포도의 과즙을 저장해 두면 과실에 붙어 있던 효모가 활동을 시작해 발효가 일어나면서 맛있는 음료가 된다는 사실을 알게 되었고 이것이 바로

21

람세스 3세의 묘에서 발견된 그림. 기원전 1175년, 제20왕조

포도주다. 그리고 발효과정에서 생기는 거품을 거둬내 밀가루에 섞으면 반죽도 발효가 돼 부풀어 오른다는 사실을 알게 됐다. 반죽이 자연 발효될 때까지 기다리는 것보다 훨씬 손쉽게 같은 상태를 만들 수 있다는 사실을 알게 됐다. 오늘날 수많은 빵들 중 사랑받는 포도빵도 이 기원에서 생겨났을 것이다.

이렇게 감미의 시작이 된 벌꿀 및 과실, 밀가루로 빵을 만드는 기술, 동물 젖의 이용 등은 점차 과자로 발전했다.

파라오 묘의 벽화

이 시기는 이미 곡물을 가공하기 위해 맷돌과 채를 고안해 이 두 가지를 선별해 사용하는 방법을 알고 있었다. 한편 파라오의 무덤에서 발굴된 수많은 왕의 유품들 중 빵·과자로 보이는 것을 반죽하는 인형들은 당시의 모습을 잘 말해 준다. 이는 파리의 루브르박물관이나 카이로에 있는 박물관에도 전시되어 있어 당시의 모습을 쉽게 연상케 한다. 기원전 1175년경, 수도 테베에 있던 국왕 람세스 3세의 궁전 제빵소를 그린 벽화에는 이미 다양한 모양의 빵과 여러 종류의 과자로 보이는 것이 묘사되어 있다. 그리고 당시 이집트인들은 임금(賃金)을 맥주와 빵으로 지불했다는 것도 잘 알려진 사실이다.

이집트시대에 빵을 만드는 모습을 담은 벽화. 파라오가 영안했을 때의 왕궁 제빵소를 묘사하고 있다.

푀이타주의 원형

이 무렵 특이한 점은 똬리를 튼 뱀이나 특정동물의 모양을 한 빵이 있었다는 사실이다. 이는 당시 사람들이 가난해서 산 동물을 신에게 바칠 여유가 없었기 때문에 그 대용으로 쓰기 위해 만들었을 것으로 추측된다. 그리고 이것을 만들 때는 손으로 형태를 만들기도 했지만 이미 '틀'을 사용한 흔적이 있다. 그리고 가마에서 굽는 방식 외에 지방을 가열해 튀기는 조리법도 사용했던 것으로 보인다. 예를 들어 유명한 람세스 3세의 무덤 벽화에는 우텐트 Uten-t라는 유과가 묘사돼 있다. 이는 소용돌이모양을 하고 있는데 아마도 반죽에 기름 등을 바른 다음 말아서 튀긴 것으로 보인다.

오늘날, 푀이타주 Feuilletage라고 하는 버터와 밀가루가 층을 이루는 반죽이 있다. 보통 파이반죽이라고 하는데, 기온이 낮은 지역에서는 유지(버터)가 고형 상태로 안정되기 때문에 반죽을 여러 층으로 접을 수 있다. 그러나 이집트처럼 기온이 높은 곳에서는 유지가 당연히 녹아버리기 때문에 Uten-t처럼 버터를 반죽에 바른 다음 접지 않고 말았던 것으로 보이는데, 완성된 모양은 달라도 층을 이루게 되므로 넓은 의미에서는 푀이타주의 원형으로 볼 수 있을 것이다. 현재 과자 연구가들 사이에서는 이런 논의가 이루어지고 있다.

좌 : 가루를 가는 하녀 인형. 사카라 출토, 제5왕조(카이로박물관)
우 : 원뿔형 빵가마 앞에서 불을 지피는 하녀 상. 메일 출토, 제6왕조(카이로박물관)

그리고 과자든 빵이든 이렇게 밀가루를 이용한 것은 내세나 환생을 믿었던 그들의 신앙심과도 깊은 관계가 있을 것으로 추측된다. 사후에도 먹는 걸로 고생하지 않기를 바라는 마음에서 만들었다는 이야기이다. 토우적 사상이라고도 할 수 있는데 다양한 형태의 음식물, 이를 만드는 모습을 담은 인형 등 분묘의 발굴은 현대를 사는 우리에게 시사하는 바가 크다. 당시에는 동그라미, 사각, 삼각, 또는 소용돌이모양 등 다양한 형태나 크기의 과자와 빵이 있었고, 또 이들의 맛을 더욱 좋게 하기 위해 깨, 연꽃 열매, 코리앤더 등이 사용되기도 했다. 이와 관련해『이집트인의 종교The Religion of the Egyptians』라는 책에서 저자 아망 Erman은 다섯 종류의 와인과 열 종류의 고기, 열 네 종류의 과자가 있었다고 적고 있다. 그러나 조금 더 과자다운 것이 나타난 것은 그리스·로마시대부터이다.

감미원은 재산

당시의 감미와 관련해 과자연구가인 고(故) 시메기 신타로 (締木信太郎)는 저서『과자문화사 光琳書院』에서 다음과 같은 에피소드를 소개하고 있다. 기원전

각 시대의 과자 틀

우 : 신성한 소 모양의 틀(헬레니즘시대),
중 : 투계 우승자에게 주어졌던 과자 틀(그레코로만시대),
좌 : 12궁의 장미장식(로제트)을 새긴 틀(로마시대)

2000년경 이집트의 기록에 따르면 대추야자나무가 재산목록에 등장하기 시작한다. 이 열매는 프랑스어로는 다트 Datte, 영어로는 데이트 Date라고 하는데, 쫄깃한 느낌과 그 맛이 곶감과 비슷하며 벌꿀 등과 함께 매우 중요한 감미원이었다는 것을 알 수 있다.

　기록을 찾아보면 지금으로부터 약 4000년 전, 이집트에 시누헤라는 귀족이 있었다고 한다. 그는 왕가의 다툼을 피해 나일강을 건너 팔레스티나로 넘어갔다. 거기서 아내를 맞아 아이를 낳았고 재산도 모을 수 있었지만 나이가 들자 고향에 대한 그리움을 억누르지 못해 결국 고향으로 돌아갈 결심을 한다. 그는 당시 이집트의 파라오 파로 세소스트리스 1세 밑으로 돌아가기로 결정하고 자신의 아들에게 "우리 종족과 우리가 갖고 있는 모든 것은 오로지 그분의 것이다. 우리 백성, 우리 가축,

대추야자 열매

우리의 과실, 그리고 우리의 단나무도."라고 했다고 전해진다.

　여기서 단나무란 대추야자를 가리키는 것으로 이렇게 재산의 일부로 확실하게 언급한 것을 보면 이것이 얼마나 중요한 것이었는지 알 수 있다. 그리고 페르시아 만에 있는 작은 섬이자 무역항으로 유명한 호르무즈에서는 '대추야자와 생선은 왕이 먹는 음식'이라는 말이 있고, '데이트와 양고기, 납작한 빵만 있으면 아랍인은 살아갈 수 있다'는 말도 있다.

　이후 10세기 중반 이슬람교도들은 이것을 해로로는 페르시아 만, 아라비아 해, 인도양을 거쳐 광동(廣東)으로, 육로로는 중앙아시아를 거쳐 시안(西安), 충칭(重慶)으로 전파했다. 여행가로 유명한 이븐 바투타는 14세기에 이슬람 세계를 여행했는데, "바스라(이라크의 주요 도시)에서는 대추야자로 사라인이라는 꿀을 만드는데, 시럽처럼 맛있다."고 전하고 있다. 이것은 유럽으로도 널리 퍼져 나갔다. 사라인은 오늘날 프랑스 과자 프티 푸르의 일종인 *프뤼이 데기제 Fruits Déguisés(과일에 설탕 옷을 입힌 것)에 반드시 사용되는 재료이다. 이렇듯 대추야자는 감미원과 과자로서 4000년 이상이라는 긴 세월 동안 사람들의 입을 즐겁게 해주고 있다.

마지팬의 선조

　다양한 프루츠와 너츠의 관계에 대해 살펴보자. 오늘날 아몬드와 설탕을 반죽한 마지팬이라는 것이 있다. 기원을 더듬다보면 이 시대에까지 거슬러 올라간다. 마지팬이라는 말이 생겨나기 훨씬 이전부터 아몬드를 반죽해 만든 식품에 대한 기록이 남아 있다.

---

*프뤼이 데기제 : 데기제란 '위장해 감추다', '변장하다'라는 뜻으로 '모습을 바꾼 프루츠'라는 이름의 한 입 크기 과자이다.

스트라본 Strabon(BC 65~ AD 24년)이라는 지리학자에 따르면 메소포타미아 북부에 있던 메디아족 사람들은 말린 과실을 갈아서 과자를 만들거나 반죽한 아몬드로 빵을 만들었다고 한다. 사실 지금도 아랍 각지에서는 이런 형태의 빵이 남아 있다. 바로 마스팽 Massepain이란 것인데 '빵 덩어리'라는 뜻이다. 그리고 또 다른 설에 의하면 이런 페이스트는 일종의 바르는 약으로 사용됐다고 한다. 언뜻 기발한 듯한데 먼 옛날에는 영양가 높은 것은 식용 외에 바르는 약으로 사용되는 일이 흔히 있었다고 한다.

웨딩케이크의 기원

메소포타미아에서는 기원전 4000년 후반에 수메르인들이 티그리스강과 유프라테스강 유역에 정착했다. 기원전 3000년 초반에는 몇몇 도시국가들이 번성했는데, 그 가운데 하나인 우루 제1왕조시대(기원전 25세기)에는 찬연한 수메르문화가 황금기를 맞이했다. 이후 기원전 18세기, 우르의 몰락 후 시리아 쪽에서 이동한 셈족이 바빌론 시에 제1왕조를 일으켰는데 이것이 바빌로니아 왕국이다.

요즘 많이 사용되는 웨딩케이크와 관련된 이 시기의 이야기를 소개한다. 고대 수메르인이 북방에서 메소포타미아로 진출해 왔을 무렵의 일이다. 옛날부터 사람들 마음속에는 높은 곳에 대한 끝없는 염원이 있었는데, 그들도 높은 언덕에 신을 모시는 관습이 있었다. 그러나 그곳은 광대한 평지였다. 그래서 고민 끝에 인공탑을 세웠다. 당시에는 계단이라는 것을 몰랐기 때문

건축의 미학이 담겨 있는
웨딩케이크

에 나선형으로 오르는 방법을 생각해냈다. 사람들은 신에게 가는 길이라 믿고 끊임없이 하늘에 가까워지기를 원했다. 이러한 사상이 첨탑 모양의 웨딩케이크로 이어진 것이라고 한다.

이렇듯 웨딩케이크에는 건축의 미학이 담겨 있다. 이에 대해서는 18세기 후반부터 19세기 초반에 걸쳐 활약했던 프랑스의 천재 제과인 앙토넹 카렘 Antonin Carême(1784~1833년)도 다음과 같이 말했다.

"예술은 다섯 개 부문이 있다. 회화, 시, 음악, 조각, 건축이 그것이다. 이 중 건축의 중요한 한 분야로서 과자가 존재한다.""건축과 과자를 분리해서 생각할 수 없다."

카렘에 대해서는 나중에 자세히 설명하기로 하고 여기서는 그 형태와 사상을 접목시킨 것이라는 웨딩케이크에 대해 조금 더 자세히 알아보자. 고(故)시메기 신타로는 웨딩케이크에 대해 다음과 같이 상당히 대담하게 접근했다. 웨딩케이크는 이스라엘 건국의 아버지라 불리는 모세가 가나안(요르단강과 지중해에 둘러싸인 지역, 팔레스타인)과 같이 젖과 꿀이 흐르는 땅이라 불렸던 이집트 나일강의 삼각주에서 채취한 벌꿀에 기인한다는 것이다.

이 벌꿀은 나중에 그리스도교가 전도되는 과정에서 유럽으로 전해졌고, 이것으로 만든 허니케이크는 프랑스에서도 귀한 것이 되었다. 이것과 포도가 만나 플럼 등과 함께 브랜디에 절여져 플럼케이크가 생겨났고 이를 바탕으로 가장자리에 장식을 하면서 웨딩케이크로 발전해 갔다. 장식에는 대부분 장미나 당초 문양이 쓰였다. 장미의 꽃말은 '사랑'으로 결혼하는 사람을 축복한다는 의미를 갖고 있고, 특히 순백의 꽃은 성모마리아의 상징으로 친근하다. 크림을 짜서 만드는 당초 문양은 그리스에서 생겨나 멀리 실크로드를 거쳐 일본에까지 전해졌다. 교대로 쭉쭉 뻗는 가지는 미래를 향한 발전과 인류의 번영을 의미한다고 전한다.

다시 벌꿀 이야기로 돌아가 벌집에서는 밀랍을 채취했다. 이것으로 만든 초는 당시 가장 밝은 특상품으로 매우 진귀한 것이었다. 이런 초의 신비한 빛과 함께 흔들리는 무상함은 인간들에게 자연스레 예배의 마음을 자극해, 미사를 비롯해 나중에는 결혼식이나 축하할 일이 있을 때 빼놓을 수 없는 물건으로 발전했다. '결혼하다'를 '화촉을 밝힌다'라고 표현하지 않는가.

크루아상의 기원

고대문명의 발상지는 모든 것의 발상지이기도 하다.

'프랑스'와 '초승달' 하면 제일 먼저 머리에 떠오르는 것이 크루아상 Croissant인데, 독일에서는 슈톨렌 Stollen을 떠올린다. 독일에서는 예로부터 크리스마스 밤에 이 반달 모양의 과자를 먹는 습관이 있었다. 과자점에서도 만들지만 각 가정에서도 주부들이 솜씨를 발휘한다. 이 과자는 바로 만들었을 때보다 오히려 며칠 지나서 먹으면 더 맛있기 때문에 며칠 전부터 준비해 두었다가 크리스마스 밤이 되면 가족들이 모여 단란한 시간을 보낼 때 잘라 먹는다.

크루아상의 유래에 대해서는 여러 가지 설이 있어 확실치는 않지만 그 중 몇 가지를 소개한다. 하나는 승려 목에 걸었던 가사가 반달모양이었는데 이를 본떠 만들었다는 설이다. 이것이 빈으로 전해진 후 모양이 조금 더 날씬해져 초승달이나 반달 모양의 빵이 되었다는 것이다.

또 하나의 설은 지금으로부터 약 4000년 전 문명의 중심지였던 이집트를 기점으로 팔레스타인, 시리아, 티그리스·유프라테스 지역 등 메소포타미아에서 페르시아만에 이르는 광대한 지역의 형태가 초승달 모양을 하고 있기 때문이라는 설이다. 이는 속칭 '비옥한 초승달 지대 Fertile Crescent'라고 불리는데, 슈톨렌이나 크루아상의 모양도 거슬러 올라가면 여기에서 유래한다는 것이다.

생각해 보면 이들 지역은 석기시대에서 그레코로만(그리스, 로마)시대에 이르기까지 인류문명의 중심이었기 때문에 일리는 있다. 이렇게 전해진 빵이 슈톨렌이며 지금의 프랑스 크루아상, 영국의 크레센트 롤로 이어졌다는 것이다.

한편 이 시기에 중국에서도 고대 농업사회가 발전하기 시작했고, 여기에도 역시 과당과 벌꿀 등을 이용한 당과(糖菓)와 같은 것이 있었다. 그러나 확실한 형태로 정착한 것은 조금 더 시간이 지나서였다.

Ⅲ.
그리스시대
(고대문명시대)

지중해세계의 탄생

기원 전 1000년부터 에게해 일대에 세계에서 가장 오래된 해양문화가 생겨났다. 이를 에게문명(BC 20세기~14세기)이라고 하는데, 오리엔트문명을 매개로 그리스문명의 탄생에 커다란 영향을 주었다는 점에서 주목할 만하다.

에게문명은 초기에 크레타섬을 중심으로 번성했으나 기원전 1600년 이후에는 그리스의 미케네를 중심으로 번성해 후자를 미케네문명이라고 한다. 그리스는 인도유럽어족에 속하며 언어에 따라 이오니아인과 아카이아인 등 동방방언군과, 도리아인 등 서방방언군으로 크게 나뉜다. 이들이 미케네문명을 계승해 기원전 1000년경까지 에게를 중심으로 한 그리스세계가 성립됐다.

고대사회는 농경을 중심으로 한 전제군주 하에서의 이른바 노예사회였고 폴리스라 불리는 도시국가가 탄생하면서 시민사회는 크게 성장했다. 역시 과자는 문명의 산물이다. 앞선 문명의 땅에서 앞선 음식이 생겨난다. 기원전 900~800년경이되면 에게해를 중심으로 한 고전문명은 모든 분야에서 꽃을 피우고 이와 함께 과자 비슷한 것들도 발달하기 시작한다.

빵이 어느 정도 형태를 갖추기 시작한 것은 이집트 시대부터지만 일설에 의하면 빵 굽는 기술은 이집트문명이 정점에 달하기 훨씬 이전, 그리스에 그 기반을 두고 있었다는 말도 있다.

풍요의 여신

그리스라는 땅은 수많은 신화가 존재하는 세계로도 유명하다. 이집트에서는 인간의 힘을 초월해 생명의 원천이라 할 만한 나일강이 사람들의 생활을 지배하고 있었는데 그리스에는 그렇게 영향력을 발휘할 만한 구체적인 것이 없었다. 그래서 그들은 자연의 혜택을 신화의 세계로 바꾸어 갔던 것이다. 그 결과 모든 분야에 신들이 탄생했고, 인간사회와 비슷하거나 또는 이를 초월한 형태로 구체적으로 그려져 갔다.

그 수많은 신들 중에 대지와 곡물의 신인 데메테르 Demeter라는 여신이 있다. 사람들이 경작을 하려면 먼저 땅을 개간해야 하는데 이는 대지의 여신인 데메테르의 몸을 가르는 행위가 된다. 그래서 사람들은 이 행위를 본 다른 신들이 노여워하는 것을 막기 위해 경작이라는 행위를 신성한 것으로 포장해 신들이 인정하도록 할 필요가 있었다. 그래서 다음과 같은 이야기가 생겨난 것이다(참고_『프랑스 요리의 역사』).

데메테르여신

경작할 시기가 되면 여신 데메테르는 파종의 신
이아시온에게 연모의 정을 느낀다. 그래서 그녀는 몸에 두른 옷을 벗어던지고 풍만한 몸으로 밭고랑에 눕는다. 이른바 대지가 된 그녀에게 경작자인 이아시온은 파종을 하는데 사람들은 이아시온의 대행자가 되는 셈이다. 이는 인간의 행위에 비유해 풍요를 기원하는 것으로 모든 생명과 결실의 근원을 표현하고 있다. 그런데 이 행위에 다정한 하늘의 신, 전능한 제우스는 화가 나서 천둥을 치고 비를 내린다. 이는 인간이 자연에 손을 댄 것에 대한 두려운 마음의 표출이라고 할 수 있을 것이다.

이렇게 수확된 밀을 이용한 빵 굽는 기술은 더욱 발전된 형태로 이집트에서 그리스로 건너가 정착한다. 신화에 따르면 데메테르가 트립톨레모스 Triptolemos를 인간들에게 보내 빵 만드는 법을 가르쳐주었다고 한다. 그리고 사람들은 완성된 빵을 감사하는 마음과 함께 데메테르 신전에 바쳤다는 것이다.

풍부한 보리의 이삭을 상징하는 금발의 여신 데메테르는 지금도 하늘에서 곡물의 생장과 수확을 온화하게 지켜보는 수호신으로서 사람들의 마음을 사로잡고 있다.

그리스의 빵·과자

이 시대에는 소량의 귀리나 호밀도 있었지만 밀이 많이 재배되었고 이를 중심으로 돼지기름 등 동물의 기름, 거위 알, 올리브 오일 등을 첨가한 다양한 빵과 과자가 생겨났다. 이 가운데 마제스 Mazes라는 빵과 과자의 중간 형태인 것이 있었다. 이것은 반죽한 밀가루를 부풀리지 않고 계속해서 불을 지펴 굽는 것으로 일반 시민들의 주식 중 하나였다. 아리스토파테스(BC 450~389년)의 저서를 보면 밀가루를 사용한 과자나 이를 만들기 위한 각종 용기 등에 대한 기술이 있는데, 그만큼 널리 보급되어 있었다는 이야기일 것이다.

그들은 이러한 각종 재료에 그 무렵 구할 수 있었던 '단 것', 즉 벌꿀이나 과즙을 첨가해 조리한 다음 식사를 즐겼다고 하는데 특히 당시 배우들이 이를 많이 애용했던 것으로 전해지고 있다.

그리고 밀가루나 메밀가루에 벌꿀 등을 넣은 엔크리스 Encris라는 일종의 튀김 과자를 만들어 먹거나 막 구운 디스피루스 Dispyrus라는 납작한 과자를 와인에 찍어 먹었다고 한다. 트리온 Triyon(또는 Theriyon)이라는 것도 있었는데 이는 오늘날의 플럼 푸딩의 원형으로 알려져 있다. 이것에 대해 프랑수아 릴은 저서 『프랑스요리』에서 이렇게 기술하고 있다.

"이집트에서 태어나 그리스에서 사망한 폴룩스는 트리온 만드는 법을 글로 남겼다. 트리온은 플럼 푸딩의 원조이다. 트리온은 돼지기름, 우유, 밀의 씨눈 가루, 달걀, 새로운 치즈, 송아지의 뇌 등을 함께 섞어 잘 반죽한다. 이를 무화과나무 잎으로 싼다. 그리고 닭고기 스프나 송아지 또는 양고기 스프에 넣고 잘 삶는다. 삶아지면 무화과 잎을 벗겨내고 펄펄 끓는 벌꿀에 넣는다."

상당히 손이 많이 가는 요리로 보이며, 또한 당시의 '맛있는 것'을 많이 넣었다는 것을 알 수 있다. 조리문화가 얼마나 진전됐는지 잘 알 수 있는 대목이다.

구움 과자의 융성

이밖에 고프르 Gaufre와 같이 두 장의 철판 사이에 넣고 굽는 일종의 전병이나 오보리오스 Obolios 등도 즐겨 먹는 과자였다. 현재 전해지고 있는 프랑스 과자에 우블리 Oublie라는 시가레트풍의 얇게 둥글린 전병이 있는데, 그 원천이 바로 이 오보리오스에 있는 것으로 알려져 있으며 그 이름도 여기에 기원을 두고 있다고 한다.

한편 우블리는 프랑스어의 우블리에 oublier(잊다)라는 말에서 왔다는 설도 있다. 과자가 매우 가벼워서 입에 넣으면 그대로 부서지고 너무 맛있어서 문득 자신을 잊게 된다는 의미에서 이렇게 부르게 되었다는 것이다. 역사적으로 보면 이런 식의 작명 방법이 없는 것은 아니기 때문에 무조건 부정할 수만은 없지만 이건 아무래도 다소 무리가 있는 듯하다. 아마 후세에 와서 우연히 비슷한 발음의 단어가 있다 보니 갖다 붙인 것이 아닐까 추측된다.

또 『스위스의 과자 Die schweizer Konditorei』에서 과자의 역사에 대해 쓴 막스 뷜렌 Max Wählen 에 따르면 BC 200년경에는 72종류의 구움 과자가 만들어졌다고 한다. 예를 들어 포토이스 Phtois나 글로무스 Glomus라는 원뿔형의 작은 구움 과자(기름으로 튀긴 크랍펜 Krapfen의 원형으로 알려져 있다)를 식후에 흔히 먹었다고 한다. 그리고 에피다이트론 Epidaitron이라는 작은 디저트 과자, 세서미티스 Sesamitis라는 과자처럼 다량의 깨(세서미)를 사용하고 피스타치오를 첨가한 것이 인기가 있었다. 그리고 아르톨로가논 Artologanon이라는 구움 과자는 산화 발효시킨 빵 아르토스 Pāo Artos에서 그 이름이 온 것으로 매우 풍미가 좋아 즐기게 된 과자였다.

이밖에 밀과 깨를 다른 여러 가지 재료와 함께 빻아 만든 생과자로는, 오늘날의 페퍼쿠헨 Pfefferkuchen(허니케이크의 일종)에 비할 수 있는 코프테 Kopte 또는 코프태리온 Koptarion(Koptos = 빻다)이라는 과자나, 아포테가노이 Apoteganoy(아

그리스의 빵과자, 기원전 5세기

그리스의 링 모양 빵.
기원전 5세기

그리스의 밀빵
옥타브로머스 Oktablomos (8등분)

포테가닉소 – 로스트한, 손잡이 달린 냄비에 넣고 구운), 테가니테스 Teganites (깊은 냄비를 이용해 만드는 깨가 들어간 치즈케이크의 일종) 등이 있다. 또 만드는 방법을 의미하는 듯한 이름의 과자로는 아포피리아스 Apopyrias라는 구움 과자가 있다. 이는 '숯으로 구운 것'이라고 번역할 수 있다. 이밖에 생산지를 나타내는 명칭으로 유명한 것은 사모스섬의 사모스쿠헨 Samoskuchen이 있다. 그리스 주변에 있는 크레타, 로도스, 에지나, 텟사리안, 에피루스 등 많은 섬들은 각각 특산품 과자가 있었으며 이는 교역품이 되었다.

벌꿀과 깨가 들어간 과자

과자는 그리스인들의 생활에 깊이 스며들었다. 이미 생일에는 오늘날과 같이 생일케이크가 있을 정도였다. 혼례를 올릴 때도 깨와 벌꿀로 만든 '혼례 과자'를 빼놓을 수 없었다. 결혼한 두 사람은 주변 사람들로부터 냄비 속에서 부순 풍미 좋은 과자 엔트리프타 Enthrypta나 엔트리프톤 Enthrypton, 혹은 '좋은 품질의 벌꿀이 든 케이크'를 선물 받았다. 표면에 깨를 발랐기 때문에 세서미 Sesame(깨)라 불렀다. 피로연에서는 아이가 멜리펙타 Melipecta라는 벌꿀이 들어간 튀긴 과자(이것도 크랍펜 Krapfen의 원형으로 알려져 있다)를 하객들에게 나누어 주면서 여러 번 다음과 같이 말했다고 한다. "내가 사악을 물리치고 더 좋은 것을 찾겠습니다."

이 벌꿀과 깨가 든 과자는 이집트에도 있었다고 한다. 그리고 이는 무엇보다 신혼생활을 할 때 체력 소모를 보충하기 위한 것으로 알려져 있다. 이 풍부한 영양분이 성생활에 크게 기여할 것이라는 계산에서였을 것이다. 이 시기에는 생과자와 구움 과자를 합해 백 종류에 가까운 과자가 생겨났다. 현재도 벌꿀을 이용한 튀긴 과자를 그리스 인근 지역에서 많이 볼 수 있다. 그리고 이는 이들의 영향을 받은 아랍 국가들의 과자 속에 계승되고 있다.

파트의 유래와 파티스리

파트 Pâte, 즉 밀가루를 물로 갠 반죽이 발전해 빵이 되고 과자가 되었다. 이 말을 역사적으로 거슬러 올라가면 그리스어로 '대맥 죽'이란 뜻의 파스티 Pasti라는 단어가 나온다. 이것이 라틴어의 파스타(사각의 정제 錠劑)가 되고 이탈리아어나 스페인어의 파스타 Pasta로 이어진다. 그리고 프랑스어인 파트 Pâte나 영어의 페이스트 Paste가 되는데 이것으로 만든 것이 파티스리 Pâtisserie이자 페이스트리 Pastry인 것이다.

이렇게 보면 어원은 비슷해도 이후 각각의 지역에 따라 조금씩 뉘앙스가 달라졌다는 것을 알 수 있다. 즉 파스타라고 하면 대부분 마카로니 형태를 가리키고, 파트는 과자나 빵 반죽을 떠올리게 하며, 페이스트는 점성이 있는 것이나 간 또는 생선 간 것을 연상케 한다. 그리고 영어의 페이스트는 프랑스어로는 파테 Pâte라는 말로 표현된다. 여기서 다시 한 번 우리들이 가장 많은 관심을 갖고 있는 파티스리 Pâtisserie라는 말에 대해 살펴보자.

그 어원이 파트라는 것은 앞에서도 언급했지만 그 동사가 파티세 Pâtisser(반죽하다)라는 것도 기억할 필요가 있다. 그리고 파티세의 어원을 찾아보면 라틴어의 파스티시아르 Pasticiare(반죽하다), 또는 파스티시움 Pâsticium(반죽된 것)이라는 말에 다다른다. 이렇게 하나의 말을 파헤쳐 가다 보면 서구문화란 다양한 흐름을 받아들이면서도 저변 어딘가에서는 반드시 깊이 연관되어 있다는 것을 알게 된다. 어쨌든 '사람은 빵만으로 살 수 없고……' 또는 '한 톨의 보리……'라고 성서에 쓰여 있을 정도로 우리 인류는 그 혜택을 받고 있는 것이다.

과실의 이용

아직 과자가 그 지위를 확고히 확립하지 못했던 이 시기까지는 당연히 포도나 무화과와 같은 다양한 과실이 그 역할을 대신하고 있었다. 포도는 효모에 이용되는 것 외에 건포도로도 이용됐다. 이것을 먹으면 목이 마르는 것을 방지할 수 있기 때문에 장기간에 걸쳐 여행을 할 때는 필수품이었다. 그리고 건포도는 다른 과실 이상으로 독특한 감미와 알코올 성분이 들어 있기 때문에 일찍부터 과자류에 포함돼 있었다. 그리고 덩굴을 자르면 나오는 즙은 피부병 약으로 이용되기도 했고 그 덩굴을 구워 치질 약으로도 썼다고 한다.

포도는 그 발상지로 알려진 페르시아에서 이집트와 그리스, 로마 등으로 전해졌다. 끝없이 발전적으로 뻗는 덩굴과 탐스럽게 영글어 휘어지는 포도송이 문양은 풍요로움의 상징으로 디자인되어 당시 교역로를 통해 널리 전파됐다. 그리스신화에는 많은 신들이 등장하는데 그 가운데에는 큰 개 자리의 시리우스와 함께 잘 알려져 있는 작은 개 자리의 프로키온을 데리고 걸었다는 포도주의 신 디오니소스도 있다. 이를 보더라도 당시부터 포도가 얼마나 친근한 과실이었는지 엿볼 수 있다.

무화과는 시리아를 중심으로 이란 등 주변 국가들을 비롯해 지중해 연안 지역까지 널리 재배되고 있었다. 그리고 이는 말린 상태로 이용됐다. 사람들은 상당히 이전부터 과실을 말려서 감미를 증대시키는 기술을 터득하고 있었던 것이다. 의학의 아버지라 불리는 고대 그리스의 의사 히포크라테스(기원전 5~4세기)는 무화과 즙으로 동물의 젖을 응고시켜 치즈를 만들었다고 한다. 그리고 그 열매를 응고시켜 고약을 만들어 피부병 약으로 이용했다.

이밖에 소아시아가 원산지인 플럼도 많이 먹었는데, 플럼은 그리스와 로마를 거쳐 퍼져나갔다. 플럼은 이후 오랜 여행 끝에 AD1600년 경 영국으로 건너가 블랜디와 만나 오늘날 영국 명과 중 하나인 플럼케이크로 계승됐다.

치즈와 버터

먼 옛날 아마도 유목민들은 산양이나 양의 가죽으로 만든 주머니에 그 젖을 넣고 여행을 했을 것이다. 그리고 긴 시간 동안 흔들린 젖은 때로는 발효돼 응고되는 변화를 보였을 것이 틀림없다. 이것이 치즈의 시작으로 알려져 있다. 그것이 정확히 언제쯤이었는지는 확실하지 않다. 그러나 그리스시대에는 이미 상당히 보급된 징후를 보이고 있다. 히포크라테스도 그랬지만 이 지역의 목동들도 양이나 산양의 젖을 막 잘라낸 무화과 가지로 젓고 엉겅퀴 꽃이나 그 씨를 넣어 응고시켰다고 한다.

그리고 여기서 조금 더 시간이 지나면 치즈 만드는 직업을 가진 사람들이 생겨나고 동물들의 위액 등을 이용해 젖을 응고시켜 치즈를 만들어 냈다. 이 방법은 지금도 변함없이 이용되고 있다. 우유나 생크림에 양의 위액을 몇 방울 떨어뜨린 다음 하룻밤을 두면 코티지치즈모양의 프로마주블랑 Fromage blanc을 만들 수 있다. 사람들은 이를 풀로 짠 소쿠리에 넣어 수분을 뺀 다음 주무르고 발효시켜 응고시켰다. 이것은 상당히 딱딱했다고 한다. 추측하건데 이 시기의 그리스인들은 아직 '부드러운 치즈'의 존재를 몰랐을 것이다. 같은 유제품인 버터도 기원전 2세기에 역시 그리스인들에 의해 이미 알려져 있었다. 오늘날 과자를 만들 때 빼놓을 수 없는 재료가 벌써 이 시대에 시작된 것이다.

그럼 그리스인들의 실제 생활은 어땠을까? 일반인들은 아직 대부분이 대맥으로 만든 죽을 먹거나 기껏해야 마제스를 먹는 정도였다. 이에 반해 상류계층들은 이미 상당히 호화로운 생활을 한 흔적이 남아 있다. 하루가 멀다 하고 연회를 열어 방탕한 생활을 했다. 노예를 부리고 무용수들의 시중을 받으며 산해진미가 가득한 식사를 지금처럼 식탁에서가 아니라 항상 침대 위에서 했다고 한다. 침대에 누워서 먹고 마시면서 연회를 즐겼던 것이다. 곁에서는 무용수나 창부들이 자신들이 마땅히 해야 할 일을 하면서 주인과 손님들을 접대했다. 이러한 쾌락의 풍조는 그대로 로마시대로 계승되었다.

IV.
로마시대
(고대문명시대)

로마의 건국

이탈리아반도에는 기원전 2000년 초 중유럽에서 이동해온 인도유럽어족인 이탈리아인이 살았다. 그러다 라티움 Latium 평야에 정착한 라틴인의 도시국가 가운데 일어난 것이 로마이다. 전설에 따르면 트로이전쟁의 용사 아이네이아스의 자손 로물루스가 BC 753년에 건국해 초대 왕이 되었다고 전해지고 있어 이 해를 로마의 기원원년으로 삼고 있는데, 실제 건국은 이보다 조금 뒤인 기원전 7세기로 추정된다. 일반적으로 말하는 로마시대는 건국기에서 왕정, 공화정, 제정을 거쳐 AD 5세기 로마제국이 멸망한 시기까지를 말한다.

로마의 지중해세계 통일은 그 발전상에 따라 세 시기로 나눌 수 있다. 제1기는 기원전 10세기 초에 소아시아에서 옮겨와 세력을 떨쳤던 에트루리아인을 정복(BC 4세기)하고 이어서 남이탈리아 일대에 있던 그리스 식민지를 정복해 이탈리아를 통일한 BC 270년까지를 말한다. 제2기는 포에니전쟁에서 이기고 서지중해의 패권을 쥐게 된 BC 200년까지이다. 포에니전쟁은 아프리카 북쪽 해안에 있던 페니키아인들의 식민시(市) 카르타고와 싸운 전쟁으로 모두 세 차례에 걸쳐 일어났다. 그중 제2차 포에니전쟁에서는 카르타고의 용사 한니발 때문에 고전했다. 그러나 이를 BC 202년 자바전투에서 무찌르고 패권을 잡았다. 제3차 전쟁(BC 146년)에서는 로마가 완전히 카르타고를 괴멸했다. 제3기는 병사를 이끌고 동지중해로 가 마케도니아를 멸망시키고 그리스의 여러 도시를 제압하고 BC 30년에 이집트를 정복할 때까지를 말한다.

이렇게 로마는 전 지중해를 통일하고 이후 AD 395년 동·서로 분열될 때까지 오랫동안 그 광대한 판도와 번영을 누렸다.

관능의 세계와 함께

로마문명은 그리스로부터 다양한 영향을 받으면서 꽃을 피워 갔다. 이 시대에 들어서면 빵과 과자는 이미 확실하게 분리되어 서로 다른 길을 걷게 되는데 이는 로마인들의 성격에 기인한다. 그들은 다른 시대 사람들에 비해 더 관능적이고 축제나 행사에 열심이었다. 생활양식에 흥미가 많아 자연과 기호품에 대한 수요도 높아졌다. 당연히 여기에는 과자도 포함됐다. 그리고 그 이전까지는 여성들이 식사와 함께 과자를 만들었지만 이 무렵부터는 과자를 만드는 일이 남성들의 직업으로 인정받게 되었다. 과자를 만드는 일이 그만큼 복잡해지고 전문화되었다는 증거일 것이다.

빵도 그 종류가 크게 늘고 모양도 다양해졌다. 당시의 생활양식을 엿볼 수 있는 것 중 하나가 베수비오 화산이 분화하면서 재에 묻혀버린 폼페이 유적인데, 여기에서 칼집을 여덟 개 넣은 원형의 아름답고 균형 잡힌 빵이 발굴되었다. 정제된 밀가루나 효모균을 이용해 만든 반죽에 포도과즙이나 그 찌꺼기를 넣어 반죽을 완성했고 양귀비 씨를 이렇게 완성된 반죽에 뿌려 구웠다. 먹을 때는 꿀을 넣은 동물젖에 담가 먹기도 했다. 이는 그저 먹기만 하던 데서 벗어나 상당히 여유를 가지고 즐기게 됐다는 것을 의미한다. 생활수준도 상당히 높아졌다는 것을 알 수 있다.

빵과 과자를 만드는 일이 남자들의 직업으로 자리 잡게 되면서 그 내용도 점차 충실해졌다. 그리고 BC 171년에는 그 직업이 법적으로 승인됐다. 빵집은 피스토레

폼페이시대의 빵(8등분)

폼페이유적에서 발굴된 빵(폼페이박물관)

스 Pistores라고 불렸는데 이 피스토레스는 절구로 빻는다는 의미의 핀세레 Pinsere 라는 말에서 왔다고 한다. 참고로 빵·과자집은 피스토레스 프라첸타리이 Pistores Placentarii라고 불렸다. 플라첸타 Placenta에 대해서는 뒤에서 설명하겠지만 당시 를 대표하는 과자 중 하나였다.

그리고 단맛이 있는 과자를 만드는 사람을 피스토레스 도르치아이 Pistores Dorciaii라고 불렀다. 도르치아 Dorcia란 달콤한 맛이라는 뜻이다. 그리고 피스토 레스 락타리이 Pistores Lactarii는 우유가 들어간 구움 과자를 만드는 사람을 뜻 한다. 파스틸리아리우스 Pastilliarius는 신에게 바치는 과자를, 파스틸리 Pastilli는 향을 좋게 하기 위해 스파이스를 첨가한 작은 구움 과자를 뜻하는 말이었다. 그리 고 신에게 바치는 과자를 만드는 가게는 픽토레스 Fictores라고 불렸다. Ficto란 '제물의 형태를 만드는 사람'이라는 뜻이다. 이 직업을 가진 사람들은 상당히 바 빴다고 한다.

폼페이의 빵 굽는 가마

이 시대의 과자는 대부분의 경우 권력자나 부유한 사람들을 위해 만들어졌으며 또한 축제나 특별한 의식이 있을 때 이용됐다. 그러다 이 가운데 일부는 점차 상품화되기 시작해 서서히 일반서민들에게도 퍼져나갔다.

로마의 과자

대표적인 과자로는 앞에서 언급했던 동그랗게 만 전병의 일종인 우블리 Oublie, 귀리와 산양 치즈에 꿀을 넣어 만든 반죽을 월계수 잎에 올려 구운 과자 플라첸타 Placenta(2000년 전 배합에 따르면 '몇 파운드의 밀가루와 벌꿀에 14파운드의 양 젖 치즈를 이용해 만드는 과자'로 되어 있다), 타르트의 원형인 접시모양의 과자 투르트 Tourte, 튀긴 과자 베녜 Beignet, 건과자의 일종인 크루트 Croute, 혹은 우유와 달걀을 이용한 크림과자 등을 들 수 있다. 그리고 크루스투라리이 Crusturarii라는 감미제품은 판매원들에 의해 거리에서 팔려나갔는데, 단 것을 좋아하는 여성이나 젊은이들에게 인기였다고 한다.

피스토레스 리바리이 Pistores libarii라는 것도 있었다. 이는 전해지는 바에 따르면 치즈 2파운드를 절구로 찧고 밀가루 1파운드를 넣은 다음 달걀 한 개를 섞어 뜨거운 아궁이 위에서 딱딱해지지 않게 굽는 것이라고 한다. 이 밖에 아디파타 Adipata라는 소프트한 타입의 비스퀴, 조개껍질 모양의 구운 과자, 퀴멜이나 회향 열매로 만든 과자를 비롯해 벌꿀과 밀가루, 치즈로 만든 사빌룸 Savillum(Suavis=마음에 들다) 등을 즐겨 먹었다. 이 중에서도 아르토크레어스 Artocreas라는 파이는 정말 맛있었던 것으로 알려져 있는데, 산문문학의 시조인 당시 로마의 정치가 카토 Cato(BC 234~149년)가 이에 대해 여러 번 기술할 정도였다(『The international confectioner』).

그리고 로마에서는 많은 야채가 재배되었는데 그 중에서도 특히 양배추가 인기였다고 한다. 유력 인사로 그 발언의 영향력이 컸던 카토는 "이 양배추는 모든 병에 듣는 만병통치약이다."라고 기술하고 있다. 훗날 과자의 세계에서 양배추의 이름을 딴 슈크림이 그 범위를 넓혀간 것도 깊이 파고들어 가면 의외로 이런 것이 간접적인 원인이 될 수도 있다. 왜냐하면 부푼 모습이 아무리 양배추를 닮다 해도 잘 보면 양배추에 비유할 정도는 아니기 때문이다.

데커레이션 테크닉과 과자의 틀

로마인들은 신에게 올리는 제사를 중시했다. 신들에게 실제로 바칠 수 있는 모든 종류의 과자를 바쳐 신전은 항상 창의적인 과자로 넘쳐났다고 한다. 이러한 배경 때문인지 과자를 장식하는 기술이 크게 발달했다. 물론 요즘의 데커레이션과는 비교도 안 되겠지만 그전의 것과 비교하면 눈에 띄게 진보했다. 예를 들어 스크리블리타 Scriblita라는 접시모양을 한 과자는 각자 생각하는 그림을 그려 장식했다고 한다. 스크리블리타란 '나는 그린다'는 뜻의 스크리빌로 Scribillo라는 말에서 왔다. 엔키튬 Encytum이라는 과자에는 다양한 색조의 글라세도 했다고 한다.

수요가 늘어남에 따라 빵집이나 과자가게도 그 점포 수가 늘어나 AD 312년에는 로마시내에 두 업종을 합쳐 총 254개의 점포가 있었다고 전해진다.

이번에는 과자 틀에 대해 살펴보자. 과자에 장식을 한 것도 있었지만 로마의 구(舊) 지배하에 있던 지역의 발굴품에서는 상당히 손이 많이 가는 과자 틀도 출토되고 있다. 그리고 그 과자 틀에서 신화의 세계나 황제의 프로필, 연극 등을 테마로 한 문양을 볼 수 있다. 그리고 로마 중기부터 후기가 되면 오늘날 흔히 쓰이는 양면 틀이 나타나기 시작하는데 이것을 이용해 과자를 구웠다. 제과도 상당히 진보했다는 것을 알 수 있다. 오늘날과 비교해 봐도 과자 만드는 방법은 예나 지금이나 크게 다르지는 않은 것 같다.

로마 후반기에는 그리스에서 받아들인 연회양식이 점차 확대되면서 장식 과자를 본뜬 공예과자로 식탁을 장식하게 됐다. 특히 황제 네로시대에는 그 정점을 이루었다고 한다.

드라제의 선조

당과(콩피즈리)의 하나로 도르치아 Dorcia라는 누가의 전신과 같은 것이 있다. 도르치아란 '단맛'이라는 뜻이다. 이것이 오늘날의 드라제 Dragée와 연관이 있는지의 여부는 확실치 않지만 프랑스의 『라루스 요리백과사전』에서는 당시에 이미 로마인들이 드라제의 원형인 아몬드에 벌꿀 등으로 옷을 입힌 과자를 알고 있었다고 한다.

기원전 177년, 로마의 유명한 귀족 파비우스 Fabius가(家)에서는 자신의 집안에 아이가 태어났을 때나 가족이 결혼했을 때 기쁨의 표시로 시민들에

오늘날의 드라제 제품

게 드라제를 나누어주었다고 한다. 오늘날도 유럽에서 이 과자는 선물용으로는 물론이고 생일이나 결혼식, 약혼식 등 잔칫날 빼놓을 수 없는 것이 되었다. 이러한 부분은 약간 일본의 홍백만주나 도리노코 모치(달걀모양의 납작한 홍백색 떡, 결혼 등 잔치 때 먹음-역주)와 비슷하다고 할 수 있다.

도기용기에 넣거나 금박으로 이름을 새긴 후 멋진 천을 두른 상자에 넣어 마치 보석처럼 아름답게, 때로는 꽃다발 모양으로 만든 다음 섬세한 레이스로 싸거나 부케모양으로 만들어 신부 손에 쥐어주는 경우도 있었다. 그리고 천주교 세례의식 Baptême 때도 없어서는 안될 존재로 그 용도가 다양했다. 결국, 로마시대부터 시작된 관습이 발전해 오늘까지 이어지고 있는 것이다.

파네토네의 등장

이탈리아인들의 생활에서 빼놓을 수 없는 파네토네 Panettone가 생겨난 것은 로마시대 후반인 AD 3세기경이다. 파네토네란 과자와 빵의 중간형태로 이탈리아에

파네토네

서는 아주 대중적인 먹을거리이다. 평소에도 많이 먹지만 잔치나 모임, 혹은 명절에는 반드시 먹는 음식이며 특히 크리스마스 때는 이를 먹지 않는 가정이 거의 없을 정도이다.

이는 '큰 빵 덩어리'라는 뜻인데 진짜 뜻은 확실치 않다. 『The International Confectioner』를 보면 희미하게 단서가 남아있는데 '기원 3세기경 만들어진 것으로 반죽은 굽기 며칠 전부터 숙성시켜 놓는다.'라고 전하고 있다. 그리고 또 다른 설에 의하면 로도비코 일 모로 Lodovico ill moro시대에 밀라노 데라 그라치아 Dera Grazia에 있던 제과점의 우게토 Ughetto라는 사람이 처음 구운 것으로, 당시에는 이를 파네 디 토네 Pane de Tone라고 불렀다. '토니의 빵'이라는 뜻인데 토니는 그 제과점 주인의 이름이었다고 한다. 또 이 파네토네는 '밀라노의 돔모양 과자'라는 별명도 가지고 있는데 이를 보더라도 밀라노에 기원을 두고 있다는 것을 예측할 수 있다.

다른 먹을거리 중 과자와 관계가 깊은 것에 대해서도 살펴보자. 우선 치즈. 그리스시대의 제조법을 이어받아 라티움 지역의 양치기들의 손을 거치면서 그 종류는 서서히 풍부해져 갔다. 식생활 전체의 수준이 올라가면서 다양하게 변화한 것이다.

일찍이 그리스 사람들은 누에콩을 투표의 수단으로 이용했는데 로마 사람들 또한 이를 비슷하게 이용했다. 물론 식용으로도 많이 이용했지만 매년 12월 16~18일에 걸쳐 열리는 사투르누스라는 농신제에서 누에콩를 이용해 제비뽑기를 해 당첨된 사람이 그 축하연의 왕이 되었다고 한다. 이는 훗날 주현절 과자인 갈레트 데 루아 Galette des Rois 안에 누에콩을 넣고 이를 먹게 되는 사람이 왕(여성의 경우는 여왕)이 되는 축제의 관습으로 계승됐다.

식생활 전반을 훑어보면 로마인도 처음에는 매우 변변치 못한 음식을 먹었다고 한다. 그러나 권력을 가진 부유층이나 귀족계급 사람들의 생활은 더할 나위 없이 좋아지기 시작했다. 국력이 충실해짐에 따라 명실상부한 세계 제1의 도시가 된 로마에는 여전히 세계 각지로부터 모든 상품이 모여들었고 대가만 지불하면 구하지 못할 것이 없을 만큼 풍요로운 사회가 되었다. 금전과 권력에 의한 방탕한 사회는 예나 지금이나 또 동서를 막론하고 존재했던 것이다. 그러나 일반대중들은 여전히 매일 보리죽을 먹었다고 한다.

헬레니즘 국가들

기원전 4세기경 이 지역의 아테네와 스파르타 등 폴리스(도시국가)들은 빈부의 차가 확대되고 통일성을 잃으면서 큰 혼란에 빠져 있었다. 이를 마케도니아 국왕 필립포스 2세가 통합해 도시동맹을 결성하고 스스로 지도권을 장악했다. 그러나 페르시아 원정 중에 암살되어 스무 살의 젊은 알렉산드로스가 즉위했다.

알렉산드로스 대왕 상(루브르미술관)

그는 아버지의 뜻을 받들어 페르시아의 대군을 무찌르고 소아시아를 해방(BC 334년)시켰고 이어 페니키아, 이집트를 정복(BC 331년)했으며 페르시아의 다리우스대왕을 무찌르고 페르시아 제국을 멸망시켰다(BC 330년). 그리고 동쪽으로 인더스강을 건너 인도로 들어갔다 돌아와 바빌론을 수도로 대제국을 지배하기에 이르렀다. 그래서 서쪽으로는 마케도니아·그리스, 동쪽으로는 인더스 강, 남쪽으로는 이집트에 이르는 사상 유례없는 대영역을 차지하게 됐다. 이 지배는 로마제국이 몰락할 때까지 굳건했다.

13년 동안 재임했던 그의 활동은 이후 세계사의 동향에, 그리고 과자 세계의 설탕 전파에 커다란 영향을 미쳤다. 당시 감미원으로는 벌꿀이나 과당이 지배적이었으나 기원전 327년 알렉산드로스 대왕이 인도로 보낸 원정군 사령관은 "인도에서는 벌의 힘을 빌리지 않고 갈대의 줄기에서 꿀을 채취하고 있다."며 놀라운 보고를 했다. 영어의 Sugar, 프랑스어의 Sucre의 어원이 동인도에서 설탕을 의미하는 Sheker라는 것도 설탕의 기원이 여기에 있다는 것을 보여주고 있다. 이런 소재가 서방으로 전해지는 과정에서 로마세계로 들어옴에 따라 제과도 그 폭이 확대되어 갔다.

기원전 4세기에는 제과업자의 기술조합으로 보이는 파스틸라리움 Pastillarium 이라는 조직이 만들어지게 됐다. 짐작하건데 이 무렵에는 이미 과자의 소비인구가 상당했던 것으로 추정된다.

빙과의 시작

빙과도 이 시대에 시작된 것으로 보인다. 기원전 4세기경 알렉산드로스 대왕이 당시에 이미 팔레스타인(팔레스티나) 남동쪽 페트라에 서른 개의 움막을 짓고 눈과 얼음을 넣어 음식을 얼리는 데 이용했다고 한다. 이것이 발전해 오늘날의 빙과가 된 것이다.

기원 직전에는 로마의 영웅 줄리어스 시저가 발이 빠른 젊은이를 알프스 안쪽까지 보내 얼음과 눈을 가져오게 한 다음 여기에 동물의 젖이나 꿀, 술 등을 섞거나 또는 이를 얼려 마셨다고 한다. 이것이 바로 빙과의 시작이다. 한편 중국이나 아라비아에서도 이미 이러한 천연의 얼음과 눈을 이용해 빙과를 만들

줄리어스 시저 상
(콘세르바토리 궁전 소장)

었던 것으로 알려져 있는데 이것이 점차 인도나 페르시아로 전해졌다. 프랑스어로는 소르베 Sorbet, 영어로는 셔벗 Serbet이라는 말은 아라비아어로 '차갑게 마시는 것'이라는 뜻의 샤루바토에서 왔다고 한다. 이를 보더라도 빙과는 차갑게 식힌 음료수에서 시작됐다는 것을 알 수 있다.

기원전 150년경 로마제국의 최고 번성기 때는 문화도 상당히 발달했고 지식도 깊어갔다. 일부에서는 이미 얼음과 눈에 소금이나 초석(질산칼륨)을 넣으면 온도가 내려간다는 것을 알고 있었던 것으로 전해지는데 이에 대한 정확한 확증은 없다. 이것이 확실해지는 것은 중세에 들어서면서부터이다.

누가의 전파

동방의 변두리 문명권인 중국에서는 기록은 확실치 않지만 그리스, 로마 시대와 같은 시기에 가루과자가 있었다고 한다. 그리고 나무 열매를 이용한 누가 형태의 과자도 있었다. 이 너트와 단맛이 만난 과자는 오랜 시간에 걸쳐 실크로드를 통해 멀리 유럽까지 전파됐다. 그때마다 다양한 방법이 추가되면서 현재의 형태로 완성되었다.

현재 누가는 몇 가지 종류가 있는데 서로 상당히 다른 형태를 띠고 있다. 공통점은 설탕(단맛)과 아몬드라는 것이고, 거슬러 올라가면 중앙아시아, 중국 벽지 주변에 다다른다는 설이 있다. 즉, 이 지역에서 생산되는 아몬드가 기점이 된 것으로 보인다. 이곳에서 서방으로 전파되고 북방에서 유럽으로 들어가 프랑스로 건너간 것이 갈색의 단단한 누가(누가 브룅 Nougat brun 또는 누가 두르 Nougat dur)이고, 남쪽에서 와서 프랑스 몽텔리마르지방을 거쳐 북으로 올라가 전해진 것이 하얗고 부드러운 누가(누가 블랑 Nougat blanc)이다. 이런 이유에서 후자는 누가 몽텔리마르 Nougat de Montélimar라고도 부른다.

전파된 경로별로 다양한 방법이 가미되었기 때문에 출발은 같아도 도착점에서

몽텔리마르시의 1895년경 누가 공장 (알베르토 에스코바 자료)

는 상당히 다른 형태가 되었다. 모양은 다른데 구분 없이 누가라는 이름을 같이 쓰는 것이 이상하게 느껴지기도 한다. 그러나 생각해 보면 감미료와 너트류는 문명의 발상지 어디서든 만났을 가능성이 있기 때문에 한마디로 결론을 내리는 것은 위험한 발상이라는 것 또한 사실이다.

　하얀 누가 몽텔리마르라는 이름은 AD 1701년 부르고뉴 공작이 스페인에서 돌아오는 길에 몽텔리마르를 지나는 중 시민에게 받은 데서 유래되었다고 한다. 그리고 누가는 이를 먹은 아이들이 너무 맛있어서 '우리들을 타락시킨다.'는 뜻으로 말한 프랑스어 일 누 가트 Il nous gâte에서 온 것으로 이것이 줄어 Nougat가 되었다고도 한다(『과자 독본』, 메이지(明治)제과).

세계통일사상

후일 과자의 중심지가 된 유럽을 살펴보자. 지금의 프랑스에 해당하는 지역에는 기원전 7세기경부터 켈트인이 살고 있었다. 로마 사람들은 이 지역을 갈리아(프랑스어로는 골 Gall), 그 주민들을 갈리아인이라 불렀다. 기원전 50년 로마의 줄리어스 시저는 『갈리아 전기』에서와 같이 이 지역을 정복했고 이후 로마제국이 붕괴될 때까지 그 지배는 계속됐다.

AD 2세기 트라야누스 황제 시대에 로마는 가장 번성했고 그 판도는 동쪽으로는 메소포타미아, 남쪽으로는 사하라사막, 서쪽으로는 대서양, 북쪽으로는 도나우 강을 넘어 다키아지방까지 미쳤다.

사람들은 한결같이 로마 공민이라는 의식을 갖게 됐고 여기에 알렉산드로스대왕 이후 생겨난 이상이 실현되면서 전 지중해는 하나의 통일된 세계가 되었다. 로마는 영원불멸의 지역이 되었고 세계를 정복해 통치해야할 사명을 갖고 있다는 '로마인들의 세계통일사상'은 제국이 멸망한 후에도 오랫동안 지속됐으며, 이는 후일 중세 역사의 움직임에 커다란 영향을 남겼다. '모든 길은 로마로 통한다.'는 말이 나올 정도가 된 것이다.

그리스도교의 성립

로마 역사 중에서도 가장 큰 역사적 의의를 갖는 것은 그리스도교의 성립과 발전일 것이다. 그리고 이는 수도원이나 십자군 원정, 종교적 행사 등을 통해 후일 서양과자 형성에도 상당히 큰 영향을 미치게 된다. 사실 지금의 유럽사회를 돌아보면 유럽사회는 그리스도교에 기초해 움직이고 있다는 것을 알 수 있다.

먼저 겨울이 온 것을 고하는 성 마르틴 날이나 아기예수가 태어난 크리스마스를 시작으로 1월 6일의 주현절(공현절이라고도 함), 2월의 성모 취결례와 카니발, 3·4월의 부활절과 4월 1일의 프와송 다브릴(4월의 물고기), 5월 1일의 뮤게(은방울꽃 축제)와 5월 두 번째 일요일의 어머니 날, 8월 15일의 성모승천대축일 Assomption, 10월 31일의 할로윈, 11월 1일의 모든 성인대축일 등 굵직한 축제들로 1년의 생활이 움직이고 있다. 그리고 1년 365일이 모두 각 성인의 날로 되어 있으며 이들이 다양한 직업을 수호하고 있다고 믿고 있다. 그리고 이런 축제일에는 과자가 분위기를 살리는 역할을 했다.

셈계의 유목민족으로 스스로를 이스라엘이라 칭했던 유대인들은 기원전 2000년 중반경부터 동쪽에서 팔레스타인으로 이동하기 시작해 일부는 이집트로 갔지만 나중에 모세에 의해 이집트를 탈출해 가나안에 정착했다. 기원전 1000년경 다윗에 의해 통일되고 왕국을 세워 솔로몬 왕 때 전성기를 맞이했다. 그러나 얼마 되지 않아 북쪽의 이스라엘, 남쪽의 유대 등 두 개의 왕국으로 분열됐고 이어 아시리아와 신바빌로니아에 정복되었다.

유대인들은 유목시대부터 유일하게 최고의 신으로서 여호와 Yahwech를 믿었다. 그리고 긴 세월 동안 다신교를 믿었던 다른 민족들의 박해를 받으면서도 그 신앙을 지켜냈다. 그 신앙에서 구약성서를 경전으로 하는 유대교가 생겨났고 여기서 그리스도교가 탄생했으며 이는 로마제국으로 전파되어 후일 서방세계의 지도적인 종교가 되었다. 그리고 신바빌로니아나 페르시아 등 대국의 지배를 받는 비운 속에서 잇따라 예언자가 나타나 '신에 선택받은 종, 메시아'의 출현을 예언했다.

유대인들이 로마제국의 억압에 고통받고 있을 때 나사렛 사람인 예수 그리스도가 나타났다. 순식간에 신자가 늘어난 그리스도를 시샘한 유대교 지도자들은 총독에게 로마의 반역자라 모함해 전도는 고작 2년 만에 끝이 났다. 그러나 그 직제자인 사도들의 선교에 의해 유대교로부터 분리되어 그리스도교가 탄생했다. 그리스도와 그 직제자의 시대를 원시 그리스도교라 하고 네 개의 복음서와 사도행전 등을 모은 것을 신약성서라 한다. 이는 유대교에서 이어받은 구약성서와 함께 그리스도교의 경전이 되었다. 대부분의 사상과 생활이 이들 성서에 기초해 영위되었고 이를 배경으로 한 과자가 생겨나 즐기게 됐다.

빵과 성서의 세계

모세에 이끌려 고난의 땅, 이집트를 탈출한 유대인들은 젖과 꿀이 흐르는 땅 가나안으로 향했다. 그들의 여정은 고난의 연속이었고 마침내 식량도 다 떨어져 기아상태가 됐을 때 기적이 일어났다. 하늘에서 빵 만나가 내려온 것이다. 아침이슬이 사라진 후 그 일대에 나타난 만나로 사람들은 목숨을 건질 수 있었다. 이 기적은 40년에 걸친 유랑생활 동안 계속되었다고 한다.

이렇게 이집트를 탈출한 것을 기념하고 후손들에게 널리 알리기 위해 그들은 유월절을 지낸다. 그리고 이것이 과자가 사용되는 큰 행사 중 하나인 부활절로 이어졌다. 이 축제를 할 때 출애굽기 제13장 6절에 따르면 모세는 '당신들은 이레 동안 누룩을 넣지 않은 빵을 먹어야 한다. 이렛날은 주님의 절기를 지켜라.'라고 말했다고 한다. 이는 무엇을 의미하는가?

유대인들은 빵 누룩으로 발효하는 것을 물리적인 부패로 받아들였고 더 나아가 정신적인 부패로 생각했다. 현대의 상식이나 생리학적인 관점에서 보면 웃어넘길 일이지만 이는 예전부터 전해 내려오는 것을 이어가던 당시 사람들의 순수함을 엿볼 수 있는 대목이다. 그리고 나중에 예수 그리스도는 제자들 앞에서 빵과 포도주를 들고 이는 자신의 살과 피라고 말했다. 우리 인류의 발전과정에서 육체적, 정신적으로 다시 한 번 밀가루=빵의 무게가 느껴진다.

V.
그리스도교와
과자의 세계

연대적 고찰에 따른 역사를 떠나 현대 유럽사회 및 그 생활과 깊이 연관되어 있는 그리스도교와 과자의 관계에 대해 살펴보자.

크리스마스

가톨릭이나 그리스도교 신자뿐 아니라 오늘날 세계의 모든 사람들이 함께 축하하고 즐기는 것이 바로 크리스마스이다. 세계 각국에서 이 날을 위해 다양한 스타일의 과자가 만들어지고 있다. 일본이나 미국에서는 둥근 모양의 데커레이션케이크를, 영국에서는 플럼 푸딩 Plum Pudding을, 프랑스에서는 뷔슈 드 노엘 Bûche de Noël 이라는 장작모양의 과자 등을 즐긴다. 뷔슈 드 노엘의 경우 최근에는 다양한 형태로 만들어지고 있지만, 보통은 제누아즈(스펀지 반죽)를 이용해 장작 모양을 만든 다음 실물과 똑같이 그루터기까지 만든다. 그런 다음 크림을 바르고 덩굴을 두르고 므랭그 meringue 버섯으로 장식한다.

장작 모양의 유래는 묵은해에 남은 통나무의 불씨로 불을 지핀 재가 천둥이나 화재를 피하는 주술이 된다는 오래된 리투아니아 신화에서 온 것이다. 그 재는 화상약으로도 사용됐다. 그리고 유럽이 속한 북반구의 각 가정에서는 한 겨울인 12월에 난로에 불을 지피고 단란하게 지내는데, 이것도 크리스마스를 축하하는 과자의 모양이 장작이 된 간접적인 원인이라고 한다.

문을 두드리는 니콜라우스 *(15세기 목판화)*

버섯으로 장식하는 이유는 씨도 뿌리지 않고 아무 것도 하지 않은 곳에서 자라는 것이 신기하다 하여 생명의 탄생, 신비의 상징으로 그리스도의 탄생에 비유한 것으로 알려져 있다. 지금은 이것이

포자균에 의한 것이라는 사실을 어린아이들도 배워서 알고 있지만 옛날 사람들에게는 매우 신기한 일로 여겨졌을 것이다. 다시 크리스마스 이야기로 돌아가 보자. 12월 25일에 예수 그리스도가 탄생했다. 그런데 당일보다 오히려 전날인 24일 크리스마스이브를 더 성대하게 보내고 있는데, 초대 그리스도교에서는 하루를 일몰까지로 생각했기 때문에 이브

빵집 벽화

를 존중하게 됐다. 그러나 성 바오로가 말하는 '사람의 아들이자 하느님의 아들'인 예수 그리스도가 이 세상에 존재했다 하더라도 12월 25일에 탄생했다는 확증은 없다. 이는 초대 그리스도교도들이 만들어낸 신성한 신화의 하나인 것이다. 그리스도 탄생에 대해『신약성서』의 마태오복음이나 루카복음에 기록은 있으나 그 날짜에 대해서는 언급이 없다.

그 탄생을 축하하는 의식은 3세기에 들어서면서 점차 이루어지게 된 것으로 보이는데, 초창기에는 그 일시가 일정치 않고 1월 6일, 3월 21일 춘분, 12월 25일 중 하나가 선택되었다. 이후 354년경부터 로마교회(서방교회)가 12월 25일로 정하게 되었고 조금 늦게 그리스교회(동방교회)가 여기에 맞췄다고 한다.

고대 여러 민족들에게 동지는 태양의 부활을 축하하는 날이자 새해의 시작이기도 했다. 초기 그리스도교도들은 봄의 광명에 대한 기대를 나타내는 날을 성탄절로 정해 선교했던 것이다. 산타클로스는 아이들을 보호하는 세기말 소아시아의

59

갈레트 데 루아

갈레트 데 루아 안에 넣는 다양한 페브

성 니콜라스에서 유래한 것이다. 프랑스어로는 페르 드 노엘 Pére De Noël(크리스마스의 아버지)이다.

갈레트 데 루아 Galette des Rois

프랑스에서는 정월에 갈레트 데 루아 Galette des Rois라는 과자를 먹는 관습이 있다. 가톨릭 행사의 하나로 1월 6일이 그 축일에 해당한다. 이 과자는 지역에 따라 다양한 형태가 있는데, 그중 하나인 파리지방의 갈레트는 푀이타주(일반 파이 반죽)에 크렘 다망드 Créme d'amande(아몬드 크림)나 프랑지판 Frangipane이라는 크림을 샌드해서 굽는다. 그리고 그 안에는 페브 Fève라는 도자기로 만든 작은 인형을 넣어 두는데, 잘라서 먹을 때 이 인형이 든 부분을 받게 되는 사람이 남자면 그 자리의 왕이, 여자면 여왕이 되어 종이로 만든 금색의 왕관을 쓰고 모두의 축복을 받는다.

이 갈레트 데 루아는 주르 데 루아 Jour des Rois (왕의 날), 또는 페트 데 루아 Fête des Rois (왕의 축일)라고도 하고 에피파니 Epiphanie 라고도 한다. 일본에서는 공현절, 주현절, 또는 주님공현 대축일, 동방박사 축일 등으로 번역되고 있다.

성서에 따르면 세 명의 박사가 동방에 있는 자신들의 나라 하늘에 갑자기 나타난 거대한 빨간 별을 발견했다. 이는 구세주의 탄생을 의미한다는 말에 따라 낙타를 타고 여행을 나섰다. 밤마다 별을 쫓다 보니 어느 날 밤 베들레헴의 작은 마구간 바로 위에 별은 멈췄고 세 사람은 예수 그리스도를 만나 탄생을 축하하며 황금과 유향, 몰약 등 세 가지 보물을 바쳤다. 이때가 1월 6일이라는 것이다. 이렇게 주님의 탄생이 사람들 앞에 알려지게 됐다는 뜻에서 공현, 주님이 나타났다는 뜻에서 주현이라는 말을 쓰게 됐다. 그리고 이 여행에 12일이 걸렸다는 이유에서 트웰스 데이 Twelfth-day라고도 한다.

갈레트 데 루아는 앞에서 언급했듯이 지방에 따라 조금씩 다르다. 처음에는 빵집의 전매품이었는데 과자점 쪽에서 소송을 걸어 당시의 대법원은 버터와 달걀이 들어가기 때문에 이는 명백히 과자라는 판결을 내렸지만 결국은 빵집이 승소했다. 이후 1914년에 이르러서야 해금되면서 양쪽 다 자유롭게 만들 수 있게 됐다. 안에 들어가는 페브의 기원은 로마시대로 거슬러 올라간다.

로마에서는 투표를 할 때 누에콩을 이용했고, 수확제에서도 누에콩을 뽑은 자가 왕이 되는 풍습이 있었다. 나중에 그리스도교가 널리 전파됐을 때 이 습관이 주현절 과자로 이어져 누에콩이 그리스도교를 나타낸다는 의미에서 과자 안에 들어가게 된 것이다. 그리고 그리스도교도들이 선교할 때 이러한 관습을 의도적으로 포괄적인 형태로 도입해 개종을 추진했다고 하는 편이 맞을지도 모르겠다. 그러나 약 200년 전 이러한 생각이 너무 모독적이라는 이유로 도자기로 만든 인형으로 바꾸어 넣게 되었다.

현재는 종교적인 모습보다는 이 과자를 먹고 즐긴다는 의미가 강해 안에 넣는 페브의 종류도 다양한 형태가 이용되고 있다. 예를 들어 종교적인 것에 구애받지 않고 다양한 동물 모양이나 추상적인 것을 넣기도 한다.

이 갈레트는 과자점에서 크리스마스의 뷔슈 드 노엘 Bûche de Noël에 필적할 정도로 날개 돋친 듯 팔려 나갔다. 만드는 사람은 크리스마스 대목을 그대로 연말연시로 이어갔고 이날에 맞춰 갈레트를 만들어 쌓아 두었다. 정식으로는 신화를 기초로 정해진 1월 6일이지만 실제로는 6일에 구애받지 않고 1월 2일부터 8일 사이의 일요일에 이 행사가 이루어지고 있다. 그리고 엄숙한 의미를 초월해 즐거운 축일이 되었다는 것을 알 수 있다.

이 과자는 프랑스 각지에서 각기 다른 모습으로 만들어지고 있는데, 나라별로도 다양한 형태의 과자가 만들어지고 있다. 예를 들어 스위스에서는 이스트 반죽을 사용한 과자가 있고 독일에서는 스펀지케이크를 이용해 만드는 쾨니히스쿠헨 Königskuchen이라는 것을 즐긴다.

성 밸런타인데이 Saint Valentine's day

최근 과자점이나 초콜릿 제조회사들이 힘을 쏟고 있는 것이 바로 밸런타인데이이다. 유럽에서는 1년 365일이 모두 각각의 성인의 날로 되어 있는데 성 밸런타인의 날은 2월 14일이다. 그런데 왜 이날이 사랑의 기념일이 된 것일까? 여기에 대해서는 다양한 이야기들이 전해지고 있다.

성 밸런타인(산 발렌티노 San Valentino)은 로마제국이 가장 번성했던 175년경 테르니라는 도시에서 태어나 주교가 됐다. 백과사전 등을 토대로 하면 다음과 같은 설이 설득력을 얻고 있다.

당시 황제 클라우디우스 2세는 강병책의 하나로 병사들의 결혼을 금지했다. 이에 반대한 밸런타인은 많은 병사들을 결혼시켰는데 이 때문에 황제의 노여움을 사 처형당했다. 이렇게 해서 그가 순교한 날이 오늘날의 기념일로 이어졌다고 한다. 한편 또 다른 설은 많은 병을 고치는 기적을 계속 일으켜 존경을 받게 됐다거나, 혹은 그가 집전한 결혼식으로 행복한 생활을 보내는 사람들이 많아 특히 발렌티노에게 인기가 집중되었다고도 한다. 그리고 이와 비슷한 종류의 이야기들이 적지 않다.

그러나 당시 로마에서는 정식으로 그리스도교를 아직 인정하지 않던 시대였다. 다시 말해 모든 사람들이 태어나면서부터 평등하다는 그리스도교의 가르침은 황제에 대한 숭배를 근간으로 하는 로마의 통치시스템에 반하는 것이었다. 이 때문에 273년 2월 14일 결국 그는 체포돼 처형되기에 이르렀다. 이후 313년에 드디어 그리스도교가 인정을 받게 됐고, 1644년에는 로마 가톨릭교회 회의에서 그에게 성인의 칭호를 부여했으며 고향인 테르니의 수호성인으로도 임명되었다. 이렇게 여러 가지 이야기가 합쳐져 파트로노 델라모레 Patrono dell' Amore, 즉 사랑의 수호성인이 된 것이다.

시간이 흘러 이런 여러 가지 설을 바탕으로 부모와 자녀가 사랑의 교훈과 감사의 마음을 적은 노트를 서로 교환하는 습관과 섞이게 됐고, 20세기 들어서는 남녀가 사랑을 고백하는 날이 됐다. 그리고 이것이 일본으로 들어가서 평소의 조신함을 뒤엎고 여성이 남성에게 사랑을 고백하는 유일한 날이 되었다.

그런데 왜 이날 초콜릿을 주게 된 것일까? 사실은 일본의 모 제조업체가 '밸런타인데이에 초콜릿 선물을'이라는 판촉 광고를 한 것이 그 시작이었다고 한다. 그것이 점점 확산되면서 결국 요즘처럼 크게 발전하게 된 것이다. 이렇게 만들어진 밸런타인데이에 초콜릿을 주는 습관은 바다를 건너서까지 전파되었다. 스위스나 캐나다에서는 일본만큼은 아니지만 그래도 꽤 성대하게 보내고 있다. 프랑스에서는 이전까지 전혀 이런 움직임이 없었지만 최근 하트 모양의 초콜릿 상자까지 등장하게 됐다. 미국에서는 초콜릿은 아니고 여성은 남성에게 카드를, 남성은 여성에게 나이트가운 등을 선물한다. 일본에서는 이제 크리스마스를 능가하는 행사가 되었다.

카니발 Canival

카니발 Canival은 그리스도교국가에서 *사순절 직전 3일 내지 일주일에 걸쳐 열리는 축제이다. 프랑스어로는 카르나발 Carnaval이라고 한다. 일본어로는 사육제로 번역되는데 라틴어의 카르네 발레 Carne Vale(고기여 안녕), 또는 카르넴 레바레 Carnem Levare(육식하지 않는다)가 어원으로 알려져 있다. 매년 사순절은 부활절 40일 전부터 시작된다. 이 시기에는 그리스도가 황야에서 단식을 했던 것을 기리며 육식을 하지 않는 습관이 있는데 그 전에 고기를 먹고 즐겁게 노는 행사가 카니발이다.

기원은 로마시대로, 그리스도교 초기에 귀의시켜야 할 로마인들을 회유하기 위해 그들 사이에서 행해졌던 농신제(12월 17일~1월 1일)를 인정한 것으로, 그리스도교 입장에서는 이교적인 축제였다. 이것이 나중에 그리스도교도들에 의해 계승되었고, 12월 25일부터 시작해 신년 축제와 주현절(12일제, 1월 6일)을 통합하게 되었다. 그리고 이것이 북유럽 국가들에서는 종교적인 의의를 갖는 옥내의 가정적인 분위기의 크리스마스가 되었으며, 남유럽국가들에서는 옥외 축제를 주로 하는 카니발이 되었다고 한다.

카니발 행사는 국가나 지방에 따라 상당히 달라지는데 일반적으로는 종이로 만든 우상을 가지고 나오거나 가장 행렬을 한다. 농촌 등에서는 봄을 맞아 풍작이나 다복을 기원하는 축제이며 가면을 쓰거나 가장을 하는 것은 악령에 위협을 가한다는 의미를 갖고 있다. 한편 교회에서는 오로지 옥외 놀이가 되었고 종이로 만든 우상 등을 가지고 나와 즐기는 행사가 되었다.

옛날에는 로마가 중심이었지만 현재는 로마 가톨릭 국가들에서 적극적으로 열리고 있으며, 프랑스에서도 파리 인근에서는 전혀 열리지 않지만 남프랑스인 니스

---

* **사순절** : 그리스도교의 교회달력에서 '재의 수요일'에서 부활절 전날까지의 6주 반을 가리킨다. 사순이란 40일을 뜻하는데 6주 반 동안 주일인 일요일을 제외한 일수가 40일이 되기 때문에 이런 이름이 붙은 것이다. 황야에서 예수 그리스도가 40일 동안 단식한 것을 기념하는 성절로 이 기간 동안 신자들은 자신들의 죄를 통회하면서 채식을 한다. 옛날에는 이 40일 동안 밤에는 충분히, 아침에는 소량, 저녁에는 평소의 반 정도의 식사를 하는 큰 제전이었지만, 현재는 조금 완화됐다. (백과사전 재포니카)

에서는 성황리에 개최되고 있다. 이밖에 이탈리아의 피렌체, 서독의 쾰른, 스위스 바넬 등의 카니발이 유명하다. 유럽 이외의 지역에서는 미국의 뉴올리언스나 브라질의 리우데자네이루가 세계적으로 유명하다. 같은 그리스도교라도 프로테스탄트 국가들은 거의 행하지 않는다.

한편 뉴스를 보면 일반적으로 우스운 가면 모양이나 익살스러운 얼굴 모양의 쿠키, 마지팬 인형 등이 보이는데, 아이들도 가면 행렬에 신나하며 과자를 구하러 다닌다. 빵집도 마찬가지로 피에로를 닮은 해학적인 얼굴 모습의 빵이나 튀긴 것을 만든다.

부활절

예수 그리스도의 부활을 축하하는 그리스도교의 가장 큰 봄 행사이다. 각국의 명칭이나 어원을 비교하면 다음과 같다. 프랑스어인 파크 Pâque, 이탈리어인 파스콰 Pasqua, 스페인어인 파스쿠아 Pascua는 히브리어의 과월제 페사흐 pasch에서 왔다. 그리고 영어의 이스터 Easter는 전해 내려오는 영국의 봄의 여신 이스트레 Eastre에서, 독일어인 오스턴 Ostern은 고대 게르만민족에 전해 내려오는 봄의 여신 오스타라 Ostara에서 왔다.

예수 그리스도 시대의 이 축일에 대해 살펴보자. 이스라엘의 안식일이 토요일에 시작되기 때문에 그 전날인 금요일, 13일에 예수 그리스도는 십자가에 못 박혔다. 그로부터 3일 째인 일요일에 무덤을 막고 있던 돌이 치워지고 그리스도의 유체는 사라지고 없었다. 이것이 그리스도의 부활이다. 제자들은 나중에 일요일에 모여 이 기적, 즉 그리스도의 부활을 축하했다.

시간이 지나 축일이 두 가지로 갈렸다. 동방교회 비잔티움 쪽에서는 이스라엘의 과월절인 니산월(유대력의 1월-역주) 14일에, 서방교회인 로마 가톨릭에서는 그리스도가 부활한 것이 일요일이기 때문에 과월절에 가까운 일요일에 지내고 있다. 그러나 325년 니케아공회의에서 춘분 다음 보름날 이후 첫 일요일로 통일해 지금에 이르고 있다. 따라서 매년 그 날은 일정치 않은 축일이 되었다. 달력상으로 정확히 말하면 3월 22일~4월 25일까지의 35일 중 하루가 된다. 또한 이날은 춘분에 가깝다. 다시 말해 긴 겨울과 이별하고 태양이 밤을 이기며 만물이 소생하고 그 해의 풍년을 기원하는 등 농신적인 의미를 갖는 시기이기도 하다. 요약하면 유대교의 과월절(이집트 탈출을 기념하는 축제)이 그리스도의 부활을 기념하는 축제와 오버랩되면서 더욱 봄을 알리는 축제가 되어 갔다.

그리스도교 문화권에서는 부활절 역시 나름의 과자를 가지고 기념한다. 부활을 상징하기 위해 닭모양이나 달걀모양의 초콜릿과 누가, 새집 안에 달걀과 병아리가 얼굴을 내밀고 있는 귀여운 케이크 등이 팔리고 있다. 닭이 먼저냐 달걀이 먼저냐는 논쟁은 차치하고, 어미 닭이 낳은 달걀이 병아리로 부화하고 이것이 큰 닭이 되어 다시 달걀을 낳고 이것이 또 부화하는 생명의 '부활'과 맞아 떨어진다는 것이다. 이밖에 토끼 모양도 많이 이용되고 있다. 옛날에는 토끼도 알을 낳는다고 믿었고 봄 야산을 뛰어다니는 토끼가 행운의 알을 물어다 준다는 이야기가 있었기 때문

부활절을 축하하는 달걀모양의 초콜릿 데커레이션*(파리)*

이다. 그리고 오리나 병아리 등 꿈이 있는 귀여운 모양을 본뜬 과자들이 가게를 장식해 어린이들을 즐겁게 한다.

프와송 다브릴 Poisson D'avrill

4월 1일은 일본에서는 영어문화의 영향을 받아 에이프릴 풀 April Fool이다. 이날에 한해서는 악의 없는 장난이나 가벼운 거짓말은 허용된다. 실제로 April Fool이라는 말은 '속은 사람'을 가리키는 것이고, 만우절은 '에이프릴 풀즈 데이 April Fool's day', 혹은 '만우절'로도 번역되지만 '올 풀즈 데이 All Fool's day'라고 한다.

물고기 모양의 초콜릿

프랑스에서는 이날을 '프와송 다브릴'이라고 한다. 번역하면 '사월의 물고기'라는 뜻이다. 일본에서는 4월의 바보와 물고기를 연관 짓기가 쉽지 않은데 여기에는 여러 가지 설이 있다. 이 물고기는 마크로 Maquereau(고등어)를 가리킨다. 고등어라는 물고기는 그다지 영리하지 못하고 특히 4월에 잘 잡힌다고 하여 4월 1일에 이를 먹은 사람을 '4월의 물고기'라고 한다는 설이 있다.

4월이 되면 태양이 물고기좌를 떠나기 때문에 이것이 기원이 됐다는 설도 있다. 또 마크로(고등어)에는 '여성을 속이며 생활하는 남성'이라는 뜻도 있다. 그리고 이밖에 '유괴범'이라는 뜻도 있어 4월은 사람을 속이는 유괴범이 많기 때문이라는 설도 있다.

이 물고기는 종교적인 의미도 갖고 있다. 초기 교회에서 물고기는 그리스도를 상징하는 것이었는데, 박해를 받던 그리스도 교도들은 이 물고기를 암호로 이용했다고 한다. 글자의 순서를 바꿔 다른 의미를 만드는 애너그램이라는 놀이가 있는

데, 당시에 물고기를 의미하는 그리스어 이크투스 Ichtus라는 단어를 가지고 라틴어의 Jésus christ(예수 그리스도)라는 뜻을 읽어냈다. 이후 그리스도교도들이 박해받지 않게 되었을 때도 교회는 여전히 그리스도를 상징하는 물고기를 이용했다. 그리고 테르툴리아누스는 그리스도를 커다란 물고기로, 그리스도 교도를 작은 물고기로 표현했다.

그러나 애초의 기원은 16세기에 있다고 한다. 프랑스 국왕 샤를 9세는 1564년에 유럽에서 처음으로 그레고리력을 채택했다. 이 달력은 신년을 지금처럼 1월 1일부터 시작되는 것으로 정하고 있었다. 그런데 구력에 익숙한 사람들이 그때까지 신년으로 여겼던 4월 1일에 농담으로 신년인사를 서로 건네곤 했다. 이것이 유래가 되어 4월 1일은 농담이나 거짓말이 허용되는 날이 되었다는 것이다. 프랑스에서 시작된 이러한 풍습이 17, 8세기경 영국으로 건너가 에이프릴 풀로 친숙해졌다.

프와송 다브릴은 화초가 소생하고 강바닥에 잠들어 있던 물고기들이 눈을 뜨고 강의 표면이 약동하는 이른바 삼라만상 모든 생물이 소생하는 봄의 절정기에 하는 행사이다. 사람들은 과자점이 익살스러운 얼굴이나 실물을 쏙 빼닮은 물고기 모양의 초콜릿을 형형색색의 리본으로 묶어 장식해 놓은 것을 보고 봄이 온 것을 안다. 안에는 달걀 모양의 봉봉, 혹은 잔 물고기나 조개 모양의 초콜릿 등이 가득 들어 있는데 사람들은 이것을 서로 주고받으면서 봄이 온 것을 즐긴다.

은방울꽃 축제 Muget

유럽에서 5월은 1년 중 가장 상쾌한 때이다. 프랑스에서는 뮤게 Muget라는 은방울꽃 축제일인 5월 1일이 되면 거리 구석이나 지하철 출입구, 카페 앞에서 학생, 할머니, 어린이들이 너무도 가련한 모습의 은방울꽃 다발을 들고 지나가는 사람들을 불러 세운다. 이 작은 부케를 젊은이들은 연인에게, 아이들은 부모에게, 또는 친한 사람들끼리 각각 친애하는 마음을 담아 서로 주고받는다. 이날은 은방울

꽃 모양으로 디자인된 앙
트르메나 프티 가토, 이를
곁들인 누가 화분 등이 쇼
윈도를 장식한다. 그 이유
는 다음과 같다.

무스크(사향)처럼 향이
강한 은방울꽃은 프랑스
에서는 '숲 속의 뮈게', '5
월의 뮈게'라고 하고, 영국
에서는 릴리 오브 더 밸리

은방울꽃 축제의 앙트르메

Lily of the Valley라고 한다. 구약성서의 아가(雅歌) 중 '나는 샤론의 장미, 골짜기
의 백합입니다.'라는 시에 나오는 '골짜기의 백합'이 영국 등 북유럽 국가들에서는
은방울꽃으로 해석되었기 때문인 것으로 보인다. 독일에서는 '5월의 꽃', '5월의 작
은 종'이라고 하며 방울 모양을 한 꽃이 층층이 피기 때문에 '천국의 계단'이라는
로맨틱한 이름도 붙여졌다.

은방울꽃은 봄이 다시 찾아온 것을 알리는 꽃으로서도 의미가 있으며, 이 꽃다
발을 보내면 받은 사람에게 행운이 찾아온다고도 알려져 있다. 결혼식 때 신부가
이 꽃을 부케로 쓰는 것은 이 꽃이 행복의 심벌이기 때문이기도 하다. 꽃말은 '행
복이 찾아온다', '의식적이지 않은 상냥함', '순수', '섬세함'이다.

어머니의 날

5월 두 번째 일요일 어머니 날. 사순절 첫날부터 네 번째 일요일에 부모님의 영혼
에 감사하는 마음을 표현하기 위해 교회를 방문하는 영국, 그리스의 풍습과 1910
년경 미국의 한 여성이 어머니를 추억하기 위해 교회에서 하얀 카네이션을 나누어

준 일이 합쳐졌다고 전해진다. 1914년에 윌슨대통령이 제정했고 일본에서도 제2차 세계대전 이후 지키고 있다. 누구나 갖고 있는 어머니에 대한 따뜻한 이미지를 인류 전체의 축일로까지 승화시킨 것은 멋진 일이다. 그리고 이를 축하하기 위해 꽃뿐 아니라 과자까지 준비한다는 것은 매우 기쁜 일이며 과자가 얼마나 폭넓게 쓰일 수 있는 것인지 가늠케 한다.

프랑스에서는 이날을 페트 데 메르 Fête des Mères라고 하며, 이날 과자점에는 마망 Maman이라는 글씨가 들어가거나 이것이 디자인으로 들어간 앙트르메, 데커레이션케이크, 봉봉이나 초콜릿 과자 등 아이들이 어머니에게 감사의 마음을 표현할 수 있는 귀여운 선물들이 진열된다. 원래 프랑스인들은 그들의 일상생활에 자리 잡은 꽃을 좋아하고 가벼운 마음을 선물하는 세련된 국민들이다. 일본에서는 절대적으로 카네이션이 많이 이용되지만, 프랑스에서는 이밖에도 다른 축하이벤트와 함께 가장 대중적이자 그들이 가장 사랑하는 장미꽃 등도 많이 이용된다.

프랑스의 어머니 날은 일본처럼 5월 두 번째 주 일요일이 아니다. 1429년 5월 8일에 오를레앙이라는 도시를 영국으로부터 해방시키고 조국을 구한 잔 다르크 Jeanne d'Arc의 축일이 8일 이후 첫 번째 일요일, 즉 두 번째 일요일로 정해졌고 어머니의 날은 그로부터 3주 뒤이다.

할로윈 Hallowiin 과 만성절 All Saints' day

11월1일은 만성절이라고 하는 날이다. 가톨릭 행사이며 일본의 오봉(음력 7월 보름-역주)에 해당하는 날로 세상을 등진 사람들에게 공양하는 날이다. 가톨릭에는 다양한 축일이 있는데 그 중 12월의 크리스마스, 3·4월에 걸친 부활절, 8월 15일의 성모승천대축일 Assomption, 그리고 11월의 만성절이 4대축일이다.

할로윈 Halloween은 만성절의 전야제로서 10월 31일에 치러지는 행사이다. 원래는 수확과 행운을 기원하는 행사로 그 기원은 멀리 고대까지 거슬러 올라간다. 그

펌킨파이와 호박모양의 쿠키

옛날 켈트인이 그리스도교도로 개종하기 전 과수의 여신 포모나 Pomona를 기리는 수확제를 지냈는데 이것이 할로윈의 시작이라고 한다. 켈트인들에게 10월 31일은 1년의 마지막인 섣달 그믐날로서 불을 지펴 축하연을 열었다. 그들은 망자의 영혼이 이날 밤 자신이 살던 집을 찾아온다고 믿었다. 그 공포와 고통을 조금이라도 줄이기 위해 함께 모여 수확제를 성대하게 즐겼던 것이다. 이들은 마을로 나갈 때 망자의 혼에 띄지 않도록 가면을 써서 변장했다.

이 수확제가 조금씩 변화해 나중에 로마 가톨릭의 그레고리 3세에 의해 모든 성인들의 축일(프랑스어로 투생 Toussaint, 영어로 올 세인츠 데이 All Saints' day)의 전야제가 되었고 오늘날의 할로윈이 됐다고 한다. 지금은 이날 아이들이 속을 파낸 호박에 눈과 코를 만들어 뒤집어쓰거나 마녀나 괴물 분장을 하고 이웃집을 돌아다닌다. 그리고 "과자 안 주면 장난칠거야!"라고 말하며 얻은 과자를 가지고 할로윈 파티를 연다. 그런데 요즘에는 장난이 심해져서 전미과자협회 등이 '다 같이 모여 맛있는 음식을 먹자.'는 캠페인을 벌이고 있다.

2월의 성모 취결례에 대해서는 나중에 설명한다. 더 깊이 파고들어 가 과자와 그리스도교와의 깊은 관계에 대해 이야기하자면 끝이 없다. 그만큼 서구문화는 생활과 종교, 그리고 과자가 밀접하게 결부돼 있다고 할 수 있다.

VI.
중세

암흑의 시대

중세는 권세를 누리던 로마제국이 쇠망하는 4세기 후반부터 모든 문화가 꽃피우는 르네상스기, 즉 14세기경까지의 약 1000년간을 가리킨다. 중세는 과자나 요리 등 식문화 암흑의 시대라고도 한다. 확실히 로마의 멸망은 당시까지 곡절을 거치면서도 비교적 순조로웠던 문화의 진전에 커다란 타격을 주어 정체하게 만들었다. 그러나 그러한 가운데에서도 로마시대에 축적된 기술은 중단되지 않고 각지로 퍼져나갔으며 다음 세대로 계승되었다. 말하자면 '낡은 세상으로부터 탈피해 근대사회로의 기초가 다져진 시대'였던 것이다.

과자대국 독일, 프랑스, 이탈리아의 모체 형성

그렇게 대단했던 로마제국도 분열과 붕괴의 시대를 맞이하게 된다. 게르만민족의 대이동이 그 직접적인 원인이 되어 붕괴의 길을 걷게 된다. AD 395년, 로마의 테오도시우스 대제가 사망하자 제국은 두 아들을 중심으로 갈렸다. 즉 형인 아르카디우스는 동부 헬레니즘세계를, 동생인 호노리우스는 서부 라틴세계를 통치했다. 이후 동·서로 갈린 로마는 끝까지 하나가 되지 못했다. 서로마제국은 476년 게르만민족의 침입으로, 동로마제국은 1453년 오스만투르크의 침입으로 모두 멸망했다.

지금의 프랑스 땅은 시저에 의해 정복된 이후 로마의 지배 아래 있었는데 이곳도 새로운 시대를 맞이하게 된다. 5세기에는 프랑크민족인 클리비스가 로마인들의 총독을 쫓아내고 갈리아를 통일해 프랑크왕국을 세웠다. 이후 셋으로 갈라져 이탈리아와 라인 강 좌안의 중부프랑크, 독일지역의 동프랑크, 그리고 지금의 프랑스에 해당하는 서프랑크가 된다. 이 세 왕국이 지금의 과자 분포에 가장 관계가 깊은 독일, 프랑스, 이탈리아의 모체가 되는 것이다. 유럽 전체의 형성기라고도 할 수 있다.

독일의 변천과 프랑스

이렇게 분열되어 생긴 세 나라 중 가장 눈부신 발전을 이룩한 나라는 동프랑크 왕국, 즉 독일이었다. 프랑크 왕가인 카롤링거의 혈통이 끊기자 삭소니아가(家)의 헨리 1세가 독일국왕 자리에 올랐다. 그의 아들 오토 대제는 샤를마뉴 대제의 전통을 이어받아 로마제국을 재건하기 위해 혼란에 빠져있던 북 이탈리아를 흡수하고 962년 로마교황 요하네스 12세로부터 로마황제의 관을 수여받았다. 이 제국을 15세기경부터 신성로마제국이라 부른다. 그러나 17세기 이후부터는 오스트리아, 프로이센 등으로 분열되어 국가적인 통합이 어려운 상태가 된다.

한편 서프랑크 왕국인 프랑스에서는 카롤링거가(家)가 끊기자 10세기 말에 위그카페가 왕위에 오르면서 카페 왕조가 시작되었다. 그러나 왕권이 약해 실질적으로는 일개 제공 수준에 불과한 존재였다. 카페 왕가가 끊기자 방계인 발루아 왕가의 필리프 6세가 뒤를 이었는데, 이때 영국의 에드워드 3세가 왕위계승권을 주장하며 프랑스를 침입해 영국과 프랑스의 100년 전쟁이 시작되었다(1337~1453년).

잉글랜드 왕국의 건국

훗날 유럽의 역학관계에서 명성을 떨치고 대항해시대 이후 과자의 세계에 크게 기여하게 되는 바다 건너 영국에 눈을 돌려 보자.

고대에서 중세에 걸쳐 다양한 민족이 이 지역으로 이동했고 이들 외래 민족들은 서로 융합되어 갔다. 즉 기원전 6세기에는 켈트인이, 기원전 1~4세기에는 로마가, 그리고 민족대이동시대에는 앵글로색슨이 침입했다. 827년, 에그버트 왕이 처음으로 앵글로색슨 여러 왕국을 통일해 잉글랜드 왕국을 건국했다.

이후 프랑스 노르만에 정복되었고 앙주백작이 왕위를 계승해 플랜태저넷 왕조가 시작되었다. 그 결과 영국은 프랑스 최대의 봉건영주가 되었고 많은 귀족들은 영국과 프랑스 양쪽에 영토를 갖게 되었다.

이슬람세계의 영향

이런 상황 속에서 유럽과 아랍과의 관계도 무시할 수 없었다. 7세기에 성립된 이슬람교를 배경으로 세력을 키워간 아라비아인들은 8세기에 이베리아반도를 정복하면서 유럽에 큰 영향을 미쳤다. 이들의 지배는 15세기까지 계속되었는데 과자의 세계에도 그 족적은 확실히 남아 있다.

프랑스 남서부지역의 과자에서도 그 흔적을 찾아 볼 수 있다. 예를 들면 랑드지방의 투르티에르 Tourtière, 켈시지방의 파스티스, 그 밖의 지방의 크루스타드 Croustade 등이 그것이다. 이것은 밀가루에 소금과 달걀을 넣고 섞어 얇게 편 다음 기름을 바르거나 장미향 또는 럼주로 향을 내고 접어 구운 과자이다. 이는 현재 모로코에서 많이 먹는 파스틸라 Pastilla와 관계가 있다. 한편, 파스티스로 사과를 싸서 먹는 방법은 동구나 이슬람문화가 영향을 미친 지역에서 흔히 먹는 슈트루델 Sturdel로 계승되었다.

지금도 이슬람국가인 터키에는 바클라바 Baklava라는 과자가 있다. 이것도 당시

빈의 명물, 압펠 슈트루델

의 흐름을 이해하는 데 도움이 되는데, 얇게 편 밀가루 반죽에 녹인 버터와 기름을 바르고 여러 장 겹친 다음 다시 얇게 펴 굽는다. 이는 후일 제과관련서적에서 '스페인 풍 반죽'이라 불리는 것인데, 이는 당시 그곳을 지배했던 이슬람세계에서 전해졌다는 것을 반증하는 것이다. '밀가루 반죽에 기름을 발라 접는다⋯⋯.' 이것도 후일 완성되는 퍼이타주(통칭 파이반죽)로 가는 과정이라고 볼 수 있다.

그리고 아라비아세계가 동시대의 유럽 과자에 준 가장 큰 영향은 '설탕'이다. 나중에 십자군원정을 통해서도 들어갔지만, 그 이전에 양적인 면에서는 비교가 안 될지 몰라도 아랍인들에 의해 각종 스파이스류 등과 함께 일찍이 전해졌다는 점에 주목할 필요가 있다.

앙트르메 Entremets

앙트르메 Entremets라는 말이 생겨난 것도 이 무렵이다. 앙트르메라고 하면 요즘은 일반적으로 디저트과자로 해석되는데, 그 기원을 찾아 보면 전혀 다른 것을 의미하는 말이었음을 알 수 있다.

앙트르메란 원래 앙트르 레 메 Entre les mets, 즉 '요리와 요리의 중간'이라는 의미로 쓰였다. 메 mets란 처음에는 '서비스'를 의미했는데 점차 서비스하는 요리, 또는 이를 담는 접시를 가리키게 되었다. 식사의 양식 자체는 로마식 연회로 화려했고, 이것이 더 확대되면서 접시 수도 점점 늘어갔다. 당연히 식사하는 시간도 길어지게 되자 요리와 요리의 중간을 다양한 쇼로 분위기를 고조시켜 이어갔다.

이 연회의 막간이 바로 앙트르메라 불리는 것으로 춤이나 곡예사의 묘기, 연기 등을 즐겼다고 한다. 이렇게 쇼를 보면서 하는 식사는 지금도 파리의 리도나 그 밖의 레스토랑 시어터의 형식으로 남아 있다. 이것이 시간이 흐르면서 더 체계화되고 시간도 더 걸리게 되자 식사 중간이 아니라 식사 마지막에 나오게 되었고 결국 마지막에 나오는 디저트 과자를 가리키는 말로 바뀐 것이다.

길드의 확립

9세기부터 시작된 농업혁명으로 농산물의 수확량은 비약적으로 늘었다. 한편 도시에서도 상공업이 발달하면서 동업조합 길드제도가 생겨나게 된 것도 이 시기이고, 과자나 빵 업계에도 이 같은 조직이 생겨났다. 길드란 도시가 발달하고 직업이 전문화되면서 시민들 사이의 상호부조와 커뮤니케이션을 목적으로 영주의 보호 하에 만들어진 수공업조합, 상인조합이다. 길드는 내부로는 통제를 도모하고 외부적으로는 이익보호를 위해 독점을 꾀하고 있었다.

한 빵집과 방앗간의 길드 상자. 풍부한 조각이 돋보인다 (1701년 오스트리아, 울름박물관).

13~14세기에는 정치적인 영향력도 갖게 될 만큼 성장했는데, 새로운 공업이 생겨나면서 자본가와 노동자가 대립하게 되었고, 18세기경에는 결국 그 기능을 잃고 말았다. 그렇다고 완전히 사라진 것은 아니고 지금도 이 시스템은 분명히 남아 있다.

과자의 세계를 볼 때 현재 파리에 있는 제과인 상호부조협회인 생 미셸 프랑스 제과인 협회 Sociétédes Pâtissiers Français 'La Saint-Michel' 등은 그 좋은 예이다.

달콤한 소금, 인도 소금

과자를 만들 때 가장 중요한 재료 중 하나인 설탕에 대해 중세에서 살펴보도록 하자. 인도가 발상지인 설탕은 6세기경에는 페르시아와 아라비아로 전해졌고 8세기에는 지중해 연안 국가들로 전파됐다. 9~10세기에는 이집트에서 활발하게 생산되면서 이집트의 커다란 재원이 되었던 것으로 보인다.

이 무렵 십자군 병사들은 트리폴리에서 처음 설탕수수를 만나게 됐다. 그들은 이를 향신료의 하나로 생각해 '달콤한 소금' 또는 '인도 소금'이라 불렀다. 당시 그들은 이 설탕이 나중에 얼마나 광범위한 용도로 쓰이게 될지 감도 잡지 못했지만, 이를 계기로 설탕은 우리들 식생활에 크게 기여하게 됐다.

13세기말 중국으로 간 마르코 폴로는 그곳에 설탕공장이 있고 상당히 싼 가격으로 팔리고 있다고 기술했다. 그리고 잼의 전신인 과실 설탕조림도 있다고 전했다. 이러한 설탕의 전파는 이후 르네상스기, 이른바 설탕을 사용하기 시작하는 시대를 이끌게 된다. 황금의 나라 지팡구(일본)의 존재가 그의 저서 『동방견문록』에 의해 알려지기 시작한 것도 이 무렵이었다.

십자군의 역할

중세시대는 봉건제와 종교중심의 문화였다. 특히 11~13세기에 걸친 십자군 원정은 과자의 역사에서 빼놓을 수 없는 사건이었다.

'십자군'은 이슬람교 세계와 그리스도교 세계의 대립이 낳은 중세 최대의 사건이었다. 이 대립은 7세기에 시작되어 전후 1000년 동안 계속되었는데 처음 1~2세기는 이슬람교 세계가 우세했고 그리스도교는 일관되게 수세에 몰려 있었다. 그러나 11세기경이 되자 서구에서는 봉건제가 완성되었고 국가적으로도 안정을 찾아 반격에 나섰다. 셀주크투르크가 그리스도교 성지인 예루살렘을 점령한 것이 직접적인 계기가 되어 로마 교황의 지도하에 성지탈환을 위한 십자군이 결성되었고 기나긴 원정이 시작되었다.

1097년부터 1099년까지의 첫 번째 원정을 시작으로 1270년 원정까지 총 여덟 번에 걸쳐 원정이 계속되었는데, 1291년 이집트인에 의해 팔레스타인 내 그리스도교도들의 마지막 근거지인 아크레가 무너지면서 200년에 걸친 십자군의 노력은 아무런 수확 없이 헛수고로 끝나고 말았다. 이후 성지인 예루살렘은 1917년까지 10세기 동안 이슬람의 손에 들어가게 됐다.

이 기간 동안 반복됐던 십자군 원정과 그 여정에 따른 북상, 동정(東征)과 함께 문화라는 말로 총칭되는 사람들의 생활양식도 각지에 뿌리를 내려갔다. 당연히 과자를 포함한 식문화도 그와 함께 정착하게 되었다. 그리고 정복한 군용로가 그대로 상업교역의 길이 되었고 설탕과 향신료, 약초 등 동방의 산물이 서유럽, 특히 이탈리아로 들어가게 되었다.

그 중에서도 설탕은 당시 아라비아인들이 지중해 무역이라는 한정된 범위 내에서 하는 거래밖에 없었던 만큼 서유럽의 식생활에 큰 즐거움을 선사했다. 단, 그만큼 설탕은 귀중한 것이어서 귀족이나 부호 등 극히 제한된 계층 외에는 즐길 수 없었다. 그러다 그리스도교회가 이 거래에 관여하게 되었고 결국은 이교도와의 교역을 금지하거나 또는 교회의 허가를 받은 자만이 교역할 수 있게 하였다. 따라서 이 시기에는 설탕을 과자에 충분하게 사용하지는 못했고 기껏해야 뿌리는 정도였다고 한다. 설탕을 상당히 풍부하게 쓸 수 있게 된 것은 14세기에 들어서면서부터이다.

이 밖에 아라비아나 페르시아 등지에서 만들었던 셔벗의 기술도 십자군에 의해 이 무렵 이탈리아의 여러 도시들에 전해졌다. 당시는 포도주나 과실주스 용기를 소금 섞은 눈이나 얼음 안에서 휘저어가며 얼리는 방법이 이미 사용되고 있었다. 이것이 인공적으로 얼리는 냉동기법의 시작이다. 현대의 빙과(아이스크림이나 셔벗)를 만드는 방법도 기본적으로는 아무것도 변한 것이 없다.

십자군은 오렌지나 레몬, 살구 등도 유럽 각지로 퍼뜨렸다. 이 과일들은 설탕이 사용되기 시작하면서 설탕에 절여 식후 디저트로 이용되기 시작했다. 콩피즈리 분야가 점차 확립되어 간 것이다. 이러한 문화교류를 통해 이들 과실 이외에도 당시에는 없었던 토마토나 콩 등이 서유럽 각지에 심어졌고 각 지역에 완벽하게 뿌리내려 갔다. 파리 교외 아르파지은의 까치콩이나 아르쟝튀우의 아스파라거스 등은 그 좋은 예이다. 참고로 오늘날에도 아르파지욘시(市)에서는 매년 9월이면 까치콩 축제가 열리는데, 이 때 개최되는 과자와 요리 대회는 프랑스에서도 권위있는 대회로 평가받고 있다.

그리고 밀이 자라지 않는 추운 곳에서는 메밀도 재배하게 되었다. 이는 일본에서 재배되는 메밀과 거의 같은 것이다. 프랑스인들은 이것을 사라젱 Sarrasin이라 부르는데, 이것은 사라센을 의미하는 말이다. 다시 말해 십자군에 의해 사라센의 문화와 함께 들어온 것이라는 뜻에서 붙여진 이름이다. 메밀가루를 이용한 크레프 등을 비롯해 이 재료는 지금도 프랑스인들의 생활에 확실하게 녹아 있다.

오븐의 독점과 과자의 발달

이 무렵 각지의 수도원이나 교회, 또는 권력을 쥔 봉건영주들은 오븐을 독점하고 있었다. 이렇게 말하면 조금 이상하게 느껴질지 모르지만 중세의 도시구조나 가옥 구조는 아직 제대로 정립되지 않아 상당히 복잡한 형태를 띠고 있었다. 이 때문에 각 가정에 오븐을 마련하는 것은 불가능에 가까웠다. 뒤집어 말하면 그렇기 때문에 비교적 빨리 빵이나 과자 만드는 일을 직업으로 하는 시스템이 생겨났다고도 할 수 있다. 가정에서 이러한 것을 만들려면 자연히 자리를 차지하지 않는 방법, 즉 튀기거나 찌는 등 가열하는 방법을 쓸 수밖에 없었다.

폭신하게 부푼 빵을 구우려면 커다란 오븐이 필요했다. 장원 영주들은 이런 오븐을 독점하게 됐고 농민들이 오븐을 소유하는 것은 허락되지 않았다. 농민들이 오븐을 이용할 때는 사용료로 벌꿀이나 치즈, 달걀 등을 내야 했다. 그러다 장원제도가 쇠퇴하면서 농민들은 공용 오븐을 갖게 되었지만 이조차도 상황에 따라 다양한 제약을 받았다.

예를 들어 영국에서는 가까스로 정책이 안정을 찾게 되는 플랜태저넷 왕조 (1154~1399년) 때인 1266년, 당시 왕이었던 헨리 3세(재위 1216~1272년)가 제정한 앗사이즈법에 따라 빵집이 대중을 위해 구울 수 있는 빵이 세 종류로 제한되었다. 이후 1614년 제임스 1세(재위 1603~1625년) 때 7종류로 늘어났지만 아직 대형 빵은 크리스마스를 제외하곤 금지되었다. 그리고 스파이스가 들어간 빵이나 케이크는 장례식 때와 부활절 전 금요일에만 제조가 허락되었다. 한편 이미 그 무렵 궁정이나 봉건영주들은 부드러운 빵을 먹고 있었고 비스킷이나 사탕과자도 등장해 상당한 인기를 얻고 있었기 때문에 이는 권력의 상징이었다고도 할 수 있다.

프랑스에서 역시 오븐은 일부 특권계층의 소유물이었으며 오랫동안 독점되었는데 필리프 2세(1180~1223년) 때 처음으로 빵집의 오븐 소유가 허락되었다고 한다. 여기서 알 수 있는 것은 프랑스에서 오븐을 소유한 직업이 본격화된 것은 이 무렵부터라는 것이다. 이 빵에 대한 대가는 버터나 치즈, 벌꿀, 달걀 등이었으며 빵집은 이를 이용해 맛있는 과자를 만들 수 있었다.

수도원이나 교회는 자신들의 특권이 사라질 것을 두려워해 오랫동안 빵집과 싸웠다고 하는데, 수도원에서는 빵의 대가로 받은 벌꿀 등을 이용해 뜻밖에도 마카롱을 비롯한 여러 과자를 만들게 되었다. 그리고 리큐어도 만들게 되는데 이것이 과자의 맛이나 향을 풍부하게 해주었다. 근대 제과법에서 이 리큐어의 역할이 얼마나 컸는지는 일일이 열거하기 어려울 정도도. 생과자에서 당과, 빙과류까지 리큐어를 첨가하면서 미각의 깊이가 크게 향상되었다.

종교과자
이밖에 종교과자인 갈레트 Galettes나 고프르 Gaufres 등도 이 시기에 생겨났으며, 또한 니윌 Nielule(또는 니울 Nieule), 오스티 Hostie, 우블리 Oublie 등 교회의 독자적인 과자가 만들어지게 되었다. 갈레트는 신석기시대 밀가루를 물과 동물의 젖 등으로 풀어 달구어진 돌 위에서 구운 것인데 이미 갈레트라는 이름으로 부르고 있었고 이는 일반명칭이 되었다. 여기서 말하는 갈레트는 어디까지나 종교과자로서의 갈레트를 의미한다.

오스티나 우블리는 사순절에 노트르담 사원에서 신자들의 머리 위에 뿌렸다고 전해진다. 그리고 에쇼데 Échaudé라는 얇고 작은 반죽을 한 번 데쳐 만든 과자도 있었다. 이것은 장례식 날에만 만들었는데 교회에서 찬송가를 합창할 때 비둘기 다리에 묶어 날려 보냈다고 한다. 니울은 이후 조금 변형되어 독일로 넘어가 브레첼 Bretzel이라는 과자가 되었다.

결국 동시대의 이러한 과자들은 밀가루를 주재료로 하고 여기에 달걀과 화이트 치즈 혹은 향신료 등을 첨가한 것으로 전반적으로 조금 손이 가는 빵들이었다. 오늘날의 브리오슈 Brioche(버터를 풍부하게 넣은 빵과 과자의 중간적인 형태로 프랑스에서 카페오레와 함께 아침식사를 할 때 없어서는 안 되는 것이다) 등은 그 계보를 직접 이은 흔적이라고 한다. 또한 밀가루로 만든 죽은 우유나 향료, 설탕 등을 첨가해 초기보다 질도 향상되었고 이후 일종의 플랑 Flan이라 불리는 크림 과자가 되어 갔다.

종교와는 거리가 있지만 다리올 Dariole이라는 과자도 즐겨 먹었다. 이는 먹을 수 있는 용기와 크림으로 되어 있는 것으로 훗날 퓌이 다무르 Puits d'amour로 발전한다. 퓌이 다무르란 직역하면 '사랑의 우물'이라는 뜻이다. 푀이타주 반죽으로 만든 용기에 커스터드 크림을 채우고 그 위에 그라뉴당을 뿌린 다음 빨갛게 달구어진 인두로 구워내는 과자이다. 표면이 반짝반짝해 마치 물을 채워 넣은 것 같다고 이런 이름이 붙여졌으며, 지금도 프랑스의 명과 중 하나로 사랑받고 있다. 아무리 그렇다 해도 '사랑의 우물'이라는 말은 너무 직역을 한 것이고 의역을 하자면 '사랑의 샘' 정도가 될 것이다.

블랑망제 Blanc-Manger는 당시에는 고기가 들어간 요리의 일종으로 분류되었으나 이 무렵부터는 고기를 넣지 않고 오늘날처럼 아몬드를 구워 짠 즙(아몬드 밀크라고 한다)을 이용해 바바루아 또는 젤리 형태의 디저트가 되었다. 14세기 뷔르

츠부르크의 양피지문서에도 블랑망제 Blanc-Manger를 뜻하는 **Blanmenser**라는 말이 나오는 것을 보더라도 상당히 대중적인 것이었음 것을 알 수 있다. 훗날 이를 다시 주목해 더욱 세상에 알린 것은 천재 제과인으로 칭송받았던 앙토넹 카렘이었는데, 이보다 더 거슬러 올라가 400~500년 전에 이미 세상의 인정을 받고 있었던 것이다.

설탕과의 접촉, 보급과 함께 과자세계도 조금씩 풍요로워지고 있었다.

마지팬에 대한 여러 가지 설

이집트 시대에서도 언급했지만 마지팬은 단적으로 말하면 설탕과 아몬드를 으깨어 만든 페이스트 형태의 것이다. 중세 초기부터 중동에서 전해져 상류층들이 많이 먹었다. 설탕은 당시 고가였기 때문에 이는 최고의 사치품이었다. 그리고 그 무렵부터 다양한 물건을 모방해 즐겼다는 기록이 있다.

일본에서는 일반적으로 마지팬이라고 하고, 독일어로는 마르치판 Marzipan, 영어로는 같은 스펠링에 마지팬이라고도 하지만 정확히는 마치팬 Marchepane이며,

과일 모양의 마지팬

스위스의 프랑스어권에서는 마스팽 Massepain이라고 한다. 프랑스에서도 마스팽이라고 하면 알아듣기는 하지만 아몬드만으로 만든 것은 파트 다망드 Pâte d'amande라고 부른다. 마지팬은 그 자체로 훌륭한 음식이며 그 부드러운 정도는 점토와 비슷

하고 색도 입힐 수 있었다. 마지팬의 이러한 특성을 이용해 꽃이나 동물 모양을 만드는 등 다양한 조형을 즐길 수 있었다.

마지팬의 유래를 살펴보면, 아몬드를 반죽해 만든 식품에 대한 기록은 상당히 오래전부터 (마지팬이라는 말이 생겨나기 훨씬 이전부터) 존재했다. 이에 대해 『The International Confectioner』라는 책에서는 마르치판 Marzipan이라는 말의 유래에 대해 1940년 네덜란드의 언어학자 클뤼버 Kluyver의 설에 입각해 다음과 같이 기술하고 있다.

'십자군이 활동했던 시절 동지중해 연안국들에서는 마우타반 Mauthaban이라는 아라비아어가 새겨진 은화가 유행했다. 그리고 그 이름이 고가의 의약품을 넣는 나무상자에 새겨졌는데 이것이 13세기 들어 아몬드와 설탕, 장미수를 섞어 만든 과자를 넣는 상자로 이용되게 되었다. 그리고 나중에 상자의 이름이 안에 넣는 과자의 이름이 되었다.'는 것이다.

그리고 다음과 같은 이야기도 있다. 15세기, 30년 전쟁 중이던 독일 마을 뤼베크에서 있었던 일이다. 적군에 완전히 포위되어 마을은 먹을 것이 바닥나고 말았다. 시민들은 먹을 것을 샅샅이 찾아다니다 창고 하나에서 대량의 벌꿀과 아몬드를 찾아냈다. 마르크스라는 빵집이 이것을 가지고 먹을 것을 만들어보겠다고 했지만 사람들을 그다지 기대하지 않았다. 그런데 완성된 음식은 정말 맛이 있었고 이를 먹고 기아에서 벗어날 수 있었다고 한다.

이후에도 사람들은 이 맛을 쉽게 잊지 못했지만 당시에는 아몬드가 너무 고가였기 때문에 쉽게 먹을 수 없었다. 아몬드가 대중적이 된 것은 18세기 들어서부터이다. 이야기 자체의 사실여부를 떠나 어쨌든 이 때 처음으로 마지팬이 만들어졌던 것은 아니다. 우연히 이 빵집이 만드는 법을 알고 있었을 뿐이다.

그리고 다른 설에 의하면 이탈리아 베니스에 이 단어의 기원이 있다고 한다. 베니스의 마을 수호신인 성 마르코 축일에는 아몬드와 벌꿀로 만든 마르치 파니스

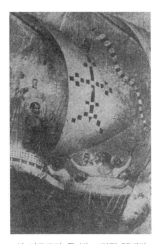

성 마르코가 두 번 그려진 템페라
화. 9세기에 신심이 깊은 베네치아
사람이 성 마르코의 관에 든 시체를
이교도들의 수도 알렉산드리아에서
훔쳐냈다. 이를 베니스로 가지고 돌
아가려던 배가 난파되려던 순간 성
인 마르코(왼쪽)가 기적을 일으켜 무
사할 수 있었다. 초기 베네치아의 화
가 파울로 베네치아노 그림. 1345년
(베니스, 산마르코사원)

Marci Panis(마르코의 빵이라는 뜻)라는 빵을 만
든다. 이것이 마르치판, 미지핸이 되었다고 한다.
오늘날의 마지팬과 완전히 똑같은 것은 아니었겠
지만 시대와 함께 점차 현재의 모습으로 완성되
어 갔을 것이다.

레브쿠헨 Lebkuchen

게르만계 과자이름으로 오늘날에도 친숙한 벌
꿀이 든 과자이다. 인류와 벌꿀의 역사가 얼마나
오래되었는지는 새삼 언급할 필요도 없을 것이다.
이 과자도 그 역사가 고대로까지 거슬러 올라가
는데 이 이름이 붙여진 것은 14~15세기경이라고
한다. 벌꿀이 들어갔다는 뜻의 독일어를 넣어 호
니히쿠헨이라고도 불리며 특히 중세시대에 즐겨
먹었던 과자 중 하나로 거론되고 있다.

아직 설탕이 사용되지 않았던 시절 사람들은
감미원으로 과실이나 벌꿀을 이용했다는 것은 앞
에서 언급했는데, 이러한 흐름을 그대로 이어 밀가루에 과실이나 벌꿀을 섞은 과
자는 수천 년에 걸쳐 조금씩 진보해 오늘날 독일이나 스위스의 명과로 이어져 내려
오고 있다. 이른바 원시적인 과자가 본래의 모습을 잃지 않고 전해진 전형이라 할
수 있다. 밀가루 등 곡물에 이와 거의 같은 양의 벌꿀을 섞고 때로는 저장해 두었
다가 굽는다는 점에서는 예나 지금이나 거의 변함이 없다.

중세시대의 레브쿠헨은 특히 수도원 등을 중심으로 발달했다. 교회에서는 초를
많이 만들었다. 벌꿀로 만드는 납, 밀랍의 우수성에 대해서는 웨딩케이크의 기원

부분에서도 언급했는데, 초 만들기와 벌꿀은 깊은 상관관계에 있었다. 중세는 속칭 종교의 시대라고도 불리는데 이 시대에는 밀랍을 많이 만들었고 그 결과 부산물로 얻게 된 벌꿀을 이용한 레브쿠헨도 큰 진전을 보게 됐다.

레브쿠헨는 과자를 만드는 사람이 아니라 초를 만드는 장인들에 의해서도 만들어졌다. 그리고 이를 수도원이나 교회에 오는 순례자들에게 참배기념으로 나누어줬다고 한다. 참고로 지금도 전체적으로는 교회 도안이나 성서세계 등 그리스도교와 관련된 디자인이 많으며, 이밖에 가문의 문장 등도 많이 보인다. 다시 말해 일종의 선물 용도로 쓰였거나 기념이 될 만한 문장을 찍어 선물했던 것이다. 하나의 과자나 그 형태에도 나름의 역사적인 배경이 있다는 사실을 알 수 있다.

여기에 사용한 많은 목형(사과나무와 배나무가 대부분이었다)이 지금도 남아 있는데 이것들은 당시 결코 풍부하지는 않았으나 얼마나 감성이 풍부했는지 알 수 있게 해준다. 그 이름에 대해서는 여러 설이 전해지고 있는데 다음의 설이 유력하다.

하트모양의 레브쿠헨 틀. 1896년

그리스도가 십자가에 못 박히심을 그린 착색된 레브쿠헨의 압형. 바이에른지방. 1587년(울름시, 독일 빵 문화 박물관)

옛날 이 과자는 수도원 안에서는 립 Libm이라고 불렸다. 이는 '납작하게 구운 것'이라는 뜻의 라틴어인데 이것이 나중에 레브쿠헨이 되었다는 것이다. 그리고 스파이스 등을 이용, 신체에 활력을 주고 생명력을 넘치게 해준다는 의미에서 레벤스쿠헨 Lebenskuchen(생명의 과자)이라 불리던 것이 레브쿠헨 Lebkuchen으로 바뀌었다는 사람도 있다.

중세에서 근세에 걸쳐 설탕도 조금씩 손에 넣을 수 있게 되었고 이후 배합에 대해서도 연구가 이루어지고 변화하면서 지금에 이르고 있다. 참고로 유명한 그림형제의 헨젤과 그레텔에 나오는 마녀의 집도 이 과자로 만든 것으로, 어른 아이 할 것 없이 지금도 여전히 많은 사람들에게 꿈을 주고 있다.

슈톨렌 Stollen

레브쿠헨과 함께 독일에서 즐겨 먹는 크리스마스 과자로 슈톨렌이라는 것이 있다. 막대모양을 하고 있다고 해서 '스틱'이라는 뜻의 이름을 가진 구움 과자이다. 전해 내려오는 이야기를 살펴보면 예수 그리스도가 탄생했을 때 동방박사 세 사람이 마구간을 찾아왔다는 이야기가 있는데 이 박사들이 지니고 있던 지팡이를 본뜬 것으로 알려져 있다.

구동독지역의 드레스덴에서 15세기 초반부터 만들어지기 시작해 이 지역 명과

슈톨렌

가 되었는데 이에 대한 기록은 이보다 오래된 14세기 초 무렵부터 있었다. 그러나 다른 것들도 그렇지만 이것도 기록 이전의 기원이 있으며 슈트루델 Strudel 등의 이름으로 친숙해져 있었다. 그리고 그 형태에 대해서는 처음에 대부분의 과자나 빵이

그렇듯 원형이었던 것으로 보이며 언제부턴가 오븐에서 구울 때 성공률을 높이기 위해 길고 가늘게 변형된 것으로 전해지고 있다. 지금은 그 독특한 모양이 완전히 정착해 상당히 친숙해졌다.

고프르 Gaufres

파리에 가면 길 한 모퉁이에 한 평 정도 되는 가게를 만들어 놓고 고프르를 파는 광경을 쉽게 목격할 수 있다. 고프르에 Gaufrier라는 양면 철제 틀에 반죽을 부어 구운 과자로, 일본으로 치면 붕어빵이나 다코야키와 같은 것이다.

이 두 장의 철판은 긴 손잡이 끝에 달려 있는데 종교적인 여러 가지 문양이 조각되어 있다. 그러나 보통 볼 수 있는 것 중에는 격자문양이 많다. 일반적으로는 잼을 바르거나 분당(紛糖)을 뿌리는데 그 종류는 그다지 많지 않다. 사람들은 갓 구워 종이에 싼 고프르를 후후 불어가며 먹는다. 특히 추운 겨울날에는 더없이 맛있게 느껴진다.

12세기 말 무렵 시(詩)에도 여러 번 나오는 걸 보면 그 역사가 꽤 오래 되었다는 것을 알 수 있다. 당시에도 지금과 마찬가지로 길에서 팔았던 것으로 보이며 종교적인 축제일에는 고프르를 파는 사람들이 입구에 진을 쳤기 때문에 사람들은 갓 구운 빵을 보면서 군침을 삼켰다고 한다.

제과점의 수호신

과거 일본의 야마토시대에는 수많은 신들이 있었는데 그리스 신화에도 셀 수 없을 정도로 많은 신들이 등장한다. 프랑스에도 약간 느낌은 다르지만 비슷한 이야기들이 있다. 가톨릭국가답게 모든 직업에 '성인'이 있다. 그들은 각각 직업의 수호신으로 숭상받고 있다. 그리고 프랑스 달력에는 1년 365일이 각기 다른 성인의 날이고 각 직업의 축일로 되어 있다. 과자의 세계에서는 13세기 무렵 제과점 동업조합

파리 제과인 상호부조협회인 '생 미셸 프랑스 제과인 협회'의 마크는 생 미셸의 그림이다.

생 미셸 상

이 '생 미셸 Saint Michel'을 자신들의 수호성인으로 정했다.

그리고 그 축일은 9월 29일로 정했다. 당시 제과인들은 이날에 기괴한 풍습을 갖고 있었는데 어떤 이는 천사로, 어떤 이는 악마로 분하고 행렬 중앙에는 커다란 저울을 든 '생 미셸'을 세웠다. 그리고 대거 그들의 수호성인을 모신 바르텔레미교회로 몰려갔다. 매년 큰 혼란을 일으켰기 때문에 결국 1636년 파리의 대주교에 의해 이 행렬은 금지되고 말았다.

여기서 생 미셸에 대해 잠시 살펴보자. 그는 대천사 미카엘이라 불리는 천사의 우두머리로 항상 악을 물리치는 용기 있는 자이다. 예나 지금이나 그림에 종종 등장하는데 그 대부분이 젊고 청아한 미청년으로 그려지고 있으며 천사의 상징인 날개를 가지고 있다. 그리고 갑옷과 투구로 몸을 무장한 용맹스러운 기사의 모습을 하고 검과 창을 들고 악의 상징인 흉측한 괴물을 짓밟고 있다. 그리고 한 손에는 착한 영혼과 악한 영혼을 가르기 위한 천칭저울을 가지고 있다.

파리에 있는 이 상의 앞은 도쿄로 치면 시부야(澁谷)의 충견 하치코 상 앞처럼 만남의 장소가 되어 젊은이들이 모이는 지역의 상징이기도 하다(주- 여기 있는 상은 저울을 들고 있지는 않다). 브르타뉴지방으로 가는 도중에 있는 경관 좋은 몽 생미셸 Mont-saint-Michel도 그 첨탑이 아름답기로 정평이 나 있는데 그 꼭대기에도 이 성인이 용자의 모습을 하고 있어 세계적인 명소의 하나가 되었다.

이 성인과 과자와의 관계에 대해 살펴보자. 생 미셸 축일인 9월 29일은 예전에는 농업에 종사하는 사람들이 수확량을 저울로 달고 월급을 받는 날이었다. 다시 말해 그들에게 감각적으로는 1년의 클라이맥스에 해당하는 날이었다.

한편 과자의 기원을 되짚자면 역시 도착하는 곳은 밀이다. 그리고 과자는 밀을 주원료로 한 농산물가공품이다. 정리하면 생 미셸은 농업의 날 수호성인이며 이것이 더 발전해 농업에 결부되는 제과점 수호성인이 된다. 현재 파리에 있는, 길드의 연장이라고도 할 만한 제과인 상호부조협회도 이를 배경으로 명칭이 La Société des Pâtissiers Français 'La Saint-Michel' 이 되었다.

식(食)세계의 호칭

후세에 전 세계를 이끌어가게 될 프랑스 요리계를 들여다보자. 현재 우리는 요리사를 퀴지네 Cuisinier라 총칭하는데 불과 얼마 전까지만 해도 각 부문별로 다양한 호칭이 있었다. 중세후기 요리인은 쿠 Queux라는 고어로 불렸고 그 조수는 에되르 Aideur, 소스를 만드는 사람들은 소시에 Saucier, 빵 굽는 사람은 아스뢰르 Hasleur라 불렸다. 그리고 오늘날 제과인을 파티시에 Pâtissier라 부르는데 당시에 이 단어는 파테 pâté 요리를 만드는 사람을 의미했으며 제과인은 우블리에 Oublier 라고 불렸다. 참고로 우블리 Oublier는 '과자를 만드는 사람'이라는 뜻이다. 이는 우블리가 이 무렵의 대표적인 과자였음을 의미한다.

그럼 파티시에라는 말이 왜 파테 요리를 만드는 사람을 가리켰는지에 대해 살펴보자. 15세기에는 파스테텐이라는 말이 있었다. 이 말은 먹을 수 있는 재료로 만들어진 용기에 고기와 달걀을 채운 것으로 오늘날의 파테 요리이며 볼로방 Vol-ou-Vent(푀이타주 용기에 충전물을 채운 것)에 해당한다. 이는 중세를 거치면서 사람들이 더욱 선호하는 음식 중 하나가 되었다. 이 파스테텐이 파티스리로 이어지고 이를 만드는 사람이 파티시에가 되었으며, 파테가게에서 제과점으로, 파테 요리사에서 제과사로 호칭이 변화해갔다고 한다. 그리고 이 파스테텐을 당시 브레첼 등과 함께 손수레에 싣고 팔러 다니는 사람이 있었다. 이 손수레에는 오븐이 있어 바로 구워 팔았는데, 이는 군고구마 장수를 떠올리게 한다.

중세시대에 유럽은 여러 번 기아 때문에 고통받았다. 특히 9~11세기에 심했는데 사람이 인육을 먹는 일도 있었고 전염병이 만연하면서 인구가 반으로 줄 정도였다. 이 때문에 전반적으로 봤을 때 요리와 과자는 이렇다 할 진전을 보이지 않았다. 전체적인 흐름 속에서는 이른바 유년기라 할 수 있고 성장은 다음 세대인 근세 이후에 이루어진다.

VII.
근세

근세는 14세기부터 17세기까지로 이른바 르네상스기를 말한다. 14세기 이후 암울했던 중세에서 벗어나 유럽은 자유존중시대를 맞이했다. 경제적으로도 윤택해진 사회에서는 문예부흥이라 불릴 만큼 많은 학문과 예술이 일어났으며 과학기술도 눈에 띄게 진보했다. 식문화도 일시에 성장할 조짐을 보이기 시작했고 근대로 가기 위한 확실한 토대를 구축해 갔다.

근세 초기의 과자로는 다양한 크림을 이용한 플랑 Flan, 푀이타주의 원형이라 할 만한 가토 푀이테 Gâteaux Feuilleté, 에쇼데 Échaudé라는 일종의 데쳐서 익힌 과자, 투르트 Tourte, 마카롱 Macaron, 마지팬 Marzipan 등이 있다. 세례 때 쓰는 과자인 봉봉 Bonbon이나 드라제 Dragée도 퍼져 나갔다.

플랑 Flan과 타르트 Tarte

프랑스 과자를 대표하는 것 중 하나가 타르트 Tarte이다. 비스킷 모양의 반죽으로 만든 접시모양 용기에 다양한 크림과 과일을 채운 과자로, 작은 것은 타르틀레트라고 불렀다. 계절에 따라 충전물이 바뀌는 이 과자는 제과점을 장식하는 꽃모양을 한 상품이다. 이 이름은 로마시대의 파이과자(접시모양의 과자)의 일종인 투르트 Tourte에서 유래됐으며 이보다 더 거슬러 올라가면 그리스, 이집트 시대까지 이르게 된다. 얼마나 생명력이 길고 과자의 원형에 가까운 것인지 알 수 있을 것이다. 먹을 수 있는 재료로 접시모양을 만든 다음 안에 맛있는 것을 채운다. 이는 형태가 없는 것을 완성해 가는 가장 기본적인 방법이다.

프랑스어인 타르트는 독일어로는 토르테, 영어로는 타트라고 한다. 그런데 타르트의 경우 예를 들어 '샤를'이라는 인명이 칼이나 찰스로 바뀌는 것처럼 단순히 발음만 바뀌는 것이 아니라 그 어원은 같지만 각각의 명칭이 달라지면서 대상물의 내용까지 달라졌다. 다시 말해 게르만계에서 말하는 토르테는 접시모양의 과자가 아니라 스펀지 종류를 가리킨다. 유명한 자허 토르테 등을 떠올리면 이해하기 쉬울 것

플랑   타르트

이다. 이것과 일반적인 타르트는 전혀 느낌이 다르다. 한편 영어에서는 재료와 상관
없이 접시모양이나 납작하고 둥근 모양을 한 과자는 파이를 포함하여 모두 타트라
불리고 있다. 세세한 부분에 크게 신경 쓰지 않는 것이 역시 미국답다.

　같은 종류 중 하나인 플랑 Flan에 대해 살펴보자. 이것도 프랑스어인데 타르트와
비교하면 반죽에 크림 등을 더 많이 섞어 이렇게 구분하고 있다. 이는 원래 죽을 기
본으로 우유 등을 첨가하는 과정을 생각하면 납득할 수 있을 것이다.

　기본적으로는 이렇게 나누지만 그러나 현실적으로는 크림 형태의 반죽을 채워
타르트라는 이름으로 부르는 것도 많다. 어원을 살펴보면 플랑이라는 명칭은 각인
(刻印)하기 위한 원반모양의 주형(鑄型) Flan에서 유래했다고 한다. 이렇게 생각하
면 타르트와 플랑의 뉘앙스 차이를 어느 정도 이해할 수 있다. 다시 말해 하나는
둥근 것뿐만 아니라 사각형, 직사각형이라도 접시모양만 하고 있으면 타르트라고
하는데, 플랑의 경우는 이와 달리 무조건 둥글어야 하고 크림 형태의 반죽을 사용

해야만 하고 그 이외에는 절대 이 이름을 사용하지 않는다.

그런데 둥근 접시모양을 한 과자들의 이름은 관례에 따라 부르고 있는 것 같다. 예를 들어 딸기 타르트의 이름은 '타르트 오 프레즈 Tarte aux Fraises'라고 하지 '플랑'이라고는 절대 하지 않는다. 안에 크림을 사용했어도 딸기가 메인인 둥근 과자이기 때문이다.

한 가지 흥미로운 이야기가 있다. 1655년 프랑스 왕 앙리 4세의 조정 신하였던 프랑수아 피에르 드 라 발렌느 François Pierre de La Valrenne라는 사람이 쓴 것으로 알려져 있는 『르 파티시에 프랑수아 Le Pâtissier François』라는 책을 보면 '타르트 오 프로마주 오 플랑 Tarte au Fromage ou Flan'이라는 과자가 나온다. 이를 번역하면 '치즈 타르트 또는 플랑'이 된다. 크림 형태의 필링에 둥근 모양, 이 경우 둘 중 어느 쪽으로 불러도 상관이 없다는 이야기일 것이다. 예부터 혼동해서 사용했던 모양이다. 참고로 이것은 내추럴 치즈를 이용해 구운 타르트(플랑)이다. 치즈케이크는 최근에 생겨난 새로운 과자는 아닌 것이다.

이러한 것을 재현할 때 흥미로운 것은 양의 표기법이다. 예를 들어 주먹 두 개 분량의 부드러운 치즈라든가 달걀 한 개 분량의 밀가루, 또는 호두 두 개 분량의 딱딱한 치즈 등으로 표기하고 있다. 다시 말해 당시에는 중량보다 크기로 표기했다.

그러나 다른 재료들은 그렇다 치더라도 밀가루처럼 가루로 된 재료는 채에 거르기 전과 후가 부피가 같더라도 중량은 20~30퍼센트 정도로 큰 차이를 보인다. 그런 부분에 대해 이 무렵에는 그다지 섬세하게 처리하지 않았던 것인지, 아니면 이것이 당시에도 너무 당연한 것이어서 특별히 명시를 하지 않은 것인지 지금으로서는 확인할 방법이 없다. 이 부분이 재현할 때 가장 고심되는 부분이다.

스위스의 건국

이 시기에 스위스가 확립되어 간다. 독일의 명문가였던 합스부르크왕가의 지배를 받았던 이 무렵 고원지대인 남부와 중부는 삼림에 덮여 있었는데, 북부는 도시가 발달해 주민들은 진보적이고 자유로운 기풍을 갖고 있었다.

스위스에는 많은 컨트리(주)가 분립해 있었는데 1291년에는 중부의 세 개 주(우리, 슈비츠, 운터발덴)가 동맹을 맺고 독립을 꾀하고 있었고, 이어 베른, 취리히 등 북부의 주들이 동참하면서 1499년 13개 주를 조직해 합스부르크왕가로부터 독립해 공화국을 건설했다. 훗날 전통에 얽매이지 않고 자유롭고 진보적인 발상으로 과자를 만들어 전 세계를 리드하게 된 것도 건국 이래 이러한 기풍이 있었기 때문일 것이다. 13세기 스위스에서는 이미 다양한 과자가 만들어지고 있었는데, 주로 게르만계의 과자가 많았던 것으로 보인다.

1293년에는 독일에 레브첼터라는 길드가 있었고, 스위스에도 레브쿠허Lebküch-er라는 명칭으로 특히 바젤에서 이 업종의 조합이 생겨났다. 그리고 바즐러 레컬리 Baseler Leckerli는 지금도 세계적으로 유명하다. 당시 문헌에는 '많은 양의 스파이스와 설탕을 이용한 과자'라고 적혀 있고, 이를 만드는 직업은 빵 길드가 아니라 향신료 상인들의 길드에 속해 있었다. 15~16세기가 되면 콘펙트 Konfect 또는 Confect라는 말이 일반화되고, 1508년 루체른과 바젤에서 열리는 민족제에서는 '콘펙트 빵 세트 Abentfront mit konfect'가 판매된다.

콘펙트란 라틴어의 '준비된 것', '조리된 것'이라는 말에서 파생된 것이다. 그리고 이 말은 독일에서는 과자 일반이나 특히 당과를 가리키며 스위스의 독일어권에서는 쿠키를 가리키게 됐다.

패권다툼

이 시대는 종교개혁의 시대이기도 하고 절대주의와 중상(重商)주의의 시대이기도 했다. 이러한 유럽의 패권다툼은 과자에도 비약적인 진보를 가져오게 된다. 다시 말해 절대주의국가들의 무역확대, 식민지 획득을 위한 싸움은 많은 지리상의 발견을 가져왔으며 이와 함께 새로운 재료와 각종 향료를 얻게 되는 계기를 맞이하게 되었다.

먼저 15세기에는 스페인이 힘을 키워간다. 이베리아반도는 8세기 초 사라센인들이 서고드왕국을 멸망시키고 점령했던 곳이다. 이후 8~15세기에 걸쳐 그리스도교도들은 점차 이슬람세력을 압박하며 남진한다. 이때 비로소 오랜 세월에 걸친 이슬람세계의 이베리아반도 지배는 종지부를 찍게 된다.

카스텔라의 탄생

이베리아반도의 중부와 북부에 카스티야라는 고원이 있는데, 이 지역 여왕인 이사벨이 이웃나라 아라곤의 왕자 페르난도 2세와 결혼했다(1479년). 그리고 3년 후 그가 왕위에 오르면서 카스티야와 아라곤을 합쳐 스페인왕국을 탄생시켰다.

여왕 이사벨 시대에는 그녀의 지원 하에 산타 마리아호를 탄 콜럼버스가 신대륙을 발견하고 이어 멕시코와 페루를 정복했다. 이 당시가 바로 '스페인령에 태양이 지는 곳은 없다'는 말이 나올 정도로 스페인의 전성기였다. 콜럼버스의 신대륙 발견 이후 사탕수수 재배는 쿠바, 서독의 여러 섬들, 남미 등으로 확산되어 갔으며 이들 지역은 세계 최대의 생산지가 되었다. 사탕무로 설탕이 만들어진 것은 이보다 조금 뒤인 16세기 말경부터이다. 문명의 중심, 문화의 요체로 발전한 이 지역에 달걀, 설탕, 밀가루를 섞어 구우면 부드럽게 부풀어 오르는 비스코초 Bizcocho 라는 것이 생겨났다.

한편 포르투갈도 카스티야에 속해 있었는데 12세기 말에 독립해 왕국이 된 후(1193년), 리스본을 수도로 정하고 점차 힘을 키워갔다. 그리고 15~16세기에는 스페인과 함께 지리상의 발견을 통해 강대국이 되어 간다. 이웃나라였기 때문에 다양한 문화가 서로 영향을 미쳤다. 스페인의 앞선 과자가 전해졌고 이것이 생겨난 지역의 이름의 본떠 가토 드 카스티야(카스티야의 과자)라 부르게 됐다.

일본의 경우 1543년 다네가(種子)섬에 상륙한 포르투갈 사람들에 의해 철포 등과 함께 이 과자도 전해졌는데 이름의 앞부분을 생략하고 발음도 조금 바뀌면서 '카스텔라'가 됐다. 이밖에 콘페이토 Confeito, 알페로아 Alfeloa, 비스카우트라 불리는 비스킷 등도 일련의 남만과자로 전해지고 있다. 일본의 양과자 역사는 이 무렵부터 시작된다.

콘페이토 (설탕 과자 또는 별사탕)

어원은 포르투갈의 콘페이투 Confeito이며 프랑스어에는 콩피 Confit(설탕절임), 또는 콩피즈리 Confiserie(당과)라는 유사어가 있다. 그리고 어원은 중세 라틴어 중 완성한다는 뜻의 콘펙툼 Confectum으로 이어지는데, 이는 콘펙트 Confect와 관련이 있다. 콘펙트란 당시 많이 먹었던 오렌지에 설탕을 바른 당과류의 명칭이다. 이러한 계보를 잇는 콘페이토에 관련된 다음과 같은 에피소드가 전해지고 있다.

테헤란산록에는 야생의 양귀비꽃이 빼곡히 피어 있는데, 이것으로 아편을 만든다는 사실은 잘 알려져 있다. 그런데 초기 콩피는 아편과 매우 흡사하게 생겼었다고 한다. 어느 날 한 부인이 파티에서 아편과 흡사하게 생긴 콩피를 일부러 꺼내 먹었다. 사람들의 눈을 피해야 할 행동을 모두가 있는 앞에서 했기 때문에 주위 사람들은 놀랄 수밖에 없었다. 그런데 그 부인은 놀란 사람들에게 "이것은 과자예요."라고 말하며 다른 부인들에게도 나눠 주었다. 이번에는 맛을 본 부인들이 그 맛이 너무 좋아 놀랐다. 이 사건을 계기로 콩피는 일약스타가 되었다고 한다.

그리고 이런 일화도 있다. 로마의 카니발(사육제)에서 한 여성은 인파 속에서 남자친구를 발견했는데 남자친구는 자신을 찾지 못하고 있었다. 그래서 그녀는 가지고 있던 콘페티(이탈리아어)를 그 사람을 향해 던졌다. 이를 본 사람들이 이를 재미있게 여겨 이듬해 카니발부터 서로 콘페티를 던지는 사람들이 속출했다. 어느

새 길거리는 콘페티를 파는 가게들로 북새통을 이루었고 가게마다 산더미처럼 쌓인 콘페티를 사람들이 경쟁적으로 사면서 이 소란은 점점 더 커졌다고 한다. 그런데 언제부터인가 던지는 데 진짜 콘페티를 사용하는 것이 아까웠던지 석고로 만든 가짜 콘페티를 사용하기 시작했다. 이런 부분을 보면 역시 이탈리아인은 현실적이다. 기하학적이고 묘한 매력을 갖고 있는 콘페이토, 그 뿔이 절묘하게 섬세한 것이 프랑스의 콘페이토이다.

비스퀴의 기원

카스텔라 등 스펀지계통을 나타내는 말은 제누아즈 Génoise, 비스퀴 Biscuit 등 다양하다. 그런데 이 단어들은 어떤 차이가 있는 것일까?

달걀을 휘저을 때 달걀흰자만 따로 거품을 내서 만드는 반죽이 비스퀴이고, 달걀의 흰자와 노른자를 함께 거품 내어 만드는 것이 제누아즈라는 설이 있다. 그런데 실제로는 후자의 방법으로 만든 것 중에도 비스퀴라는 이름이 붙어 있는 경우가 있고 흰자만 따로 거품을 내어 만든 것 중에도 제누아즈가 있다. 버터가 들어간 것이 제누아즈이고 버터가 들어가지 않은 것이 비스퀴라고 구별하는 방법도 있다. 버터가 들어간 비스퀴는 따로 비스퀴 오 뵈르 biscuit au beurre라고 한다.

그러나 달걀, 설탕, 밀가루의 비율과 만드는 방법을 비교해 봐도 실제로는 큰 차이가 별로 없다고 해도 좋을 것이다. 관례에 따라 명칭이 달라진다고 봐도 무방할 정도이다. 여기서 만드는 방법에 대한 언급은 이 정도로 하고, 그 완성되는 과정에 대해 살펴보자.

우선 비스퀴는 이른바 비스킷적인 것이 바탕이 되고 있는 듯하다. 어원은 라틴어의 비스코툼 파넴 Biscotum Panem으로 '두 번 구운 빵'이라는 뜻이다. 주앵빌 Joinville(1224~1317년)이라는 사람의 저서에서는 이를 빵 Pain이라 지칭하고 있는데, 당시 사람들은 베스큇 Besquit라고 불렀다. 이후 1690년경 이 말이 프랑스로 들어가 비스퀴 Biscuit라 불리게 되었다. bes가 변화한 bis는 라틴어로 두 번이라는 뜻이며 cuit는 프랑스어로 굽는다는 의미인데 이 두 단어가 합쳐져 하나의 단어가 된 것으로 보인다.

1260년 당시의 음유시인 탄호이저 Tannhäuser는 지중해를 행해하던 중 "내 바다는 구름이 드리우고 내 피스코트 Piscot는 딱딱하구나"라고 말했다. 피스코트란 이른바 비스킷의 전신인 건조한 빵이었다. 밀가루로 구운 빵을 오래 보관할 수 있게 하기 위해 얇게 썰어 건조시키거나 살짝 구워 항해 때 먹었던 것이다. 이 건조시킨 빵은 오랜 세월 주로 군대용으로 또는 항해용으로 사용됐고, 물론 가정에서도 비슷하게 이용됐다. 다시 말해 당시 사람들은 빵의 안을 파낸 다음 그 남은 부분을 브랜디에 적셔 가마에 넣어 구웠다. 이 역시 두 번 구웠던 것이다.

일본에서도 메이지(明治)시대 초기 비스킷에 이를 직역한 중소면포(重燒麵麭)라는 이름이 붙여져 있었다. 이후 개량되어 달걀과 설탕, 버터가 첨가되면서 점차 지금의 비스킷이 되었다. 비스코텐 Biskoten이나 비스킷 Bisquitte, 츠비바켄 브로트 Zwybacken-Brot 등으로 불리는 것들은 모두 달걀, 설탕, 밀가루를 주원료로 해서 만들어진 제품을 가리킨다.

이 말과 관련해 이런 일화도 있다. 어느 날 브르타뉴반도와 이베리아반도 사이에 있는 비스케이만에서 출항하는 선원들을 위해 수분과 지방분을 최대한 없애 장기간 보관할 수 있는 건빵 모양의 빵을 고안해 냈다고 한다. 그리고 이 지역의 이름을 따서 비스킷이라 불리게 되었다는 것이다. 배경에 대해서는 모르겠지만, 명칭과 관련해서는 비스케이만이 이름의 직접적인 동기가 됐다고 보는 것은 다소 무리가 있는 듯하다. 역시 bis와 cuit가 합쳐져서 생겨났다는 설이 설득력 있는 것으로 보인다. 어쩌다 이름이 비슷했던 것이고 후일 비슷한 이름 때문에 그런 일화가 생겨났을 것이다.

어쨌든 처음에는 빵을 두 번 구워 건빵 형태로 만들었고 그러다 빵의 모습을 거치지 않고 밀가루에 직접 버터나 달걀, 설탕을 넣어 만드는 비스킷이 되었다. 이것이 당시 문화수준이 높았던 스페인에서 발달했고 거품을 내는 기술이 이용되면서 푹신하게 부푼 스펀지케이크, 즉 비스코초가 완성되어 갔다. 그리고 풍부한 맛을 내기 위해 달걀을 넣어 봤다. 그런데 달걀은 휘저으면 거품이 나고 그대로 두어도 그 거품이 잘 사라지지 않았다. 이런 점이 과자의 역사를 크게 바꾸게 되었다.

생각해 보면 비스킷과 스펀지케이크의 재료는 둘 다 밀가루, 달걀, 설탕, 버터(스펀지케이크에는 들어가지 않는 경우도 있다)로 큰 차이는 없다. 하나는 수분과 기포가 없어 딱딱하고 나머지 하나는 수분과 많은 기포 덕분에 부드럽다는 차이만 있을 뿐이다. 말하자면 이 두 가지는 한 어미에서 태어난 형제와 같은 관계이다.

제누아즈의 발상지 이탈리아

한 문헌에서는 제누아즈에는 반드시 버터가 들어간다고 적혀 있다. 그런데 실제로는 버터가 들어가지 않지만 그 명칭을 사용하는 것도 있고, 또 버터가 들어가는 비스퀴도 있기 때문에 이 사실만을 가지고 제누아즈에 대해 정의를 내리기는 다소 정보가 부족하다 할 수 있다.

어원을 보면 이탈리아의 제노바가 발상지로 알려져 있으며, 여기서 전해져 현재의 모습이 되었고 발상지의 이름의 따 제누아즈라는 이름이 붙었다고 한다. 일리가 있는 설이지만 이탈리아에 가면 이 반죽은 파네 디스파냐라고 부른다. 추측하건데 전후사정을 살펴보면 역시 이런 종류의 반죽 발상지는 스페인이라고 하는 편이 좋을 듯싶다.

아마 앞에서 언급한 바와 같이 스페인에서 만들어져 이탈리아로 건너가 나중에 많은 문화가 프랑스로 집중적으로 흘러들어 갔을 때 이 기술도 함께 프랑스로 건너갔을 것이다. 그 과정에서 우연히 이탈리아의 제노바를 거쳐 갔든가, 제노바의 제과인이 가지고 들어갔을 것이다. 여기에는 당시 힘이 있었던 메디치가와 부르봉왕가의 연계가 영향을 미쳤다. 그리고 이를 계기로 순식간에 유럽 각지로 퍼져나갔다.

스페인 설(說)과 프랑스 설(說)

전혀 다른 설도 있다. 『International Confectioner』에서 집필활동을 많이 한 것으로 알려져 있는 월터 빗켈이라는 사람은 "진짜 비스퀴(스펀지) 반죽이 처음 발견된 것은 아마도 프랑스였을 것이다. 쉘하머여사 Mistress Schellhammer는 그녀의 저서 『Occasional Confectionery』(1699년)에서 따뜻하게 거품을 낸 스펀지의 재료를 '프렌치 스위트 브레드'라고 표현하고 있다."고 적고 있다. 사실 16세기 프랑스에는 이미 비스퀴의 원형이라고도 할 수 있는 비스퀴 드 로아 Biscuit de roi라는 과자가 있었다.

최초의 스펀지는 스페인 설과 프랑스 설 중 어느 것이 맞을까?

초기의 스펀지 반죽은 지금처럼 부드럽지 않고 딱딱했던 것으로 보이며 로즈워터(장미꽃물)나 장미오일, 말라가산 와인 등을 넣는 등 다양하게 개량이 시도됐다. 그러다가 1700년 이후부터 드디어 달걀의 흰자와 노른자의 거품을 따로 내어 만들게 되면서 상당히 부드럽고 가볍게 만들 수 있게 됐다. 지금까지의 이야기를 종합해 보면 발상지는 어디가 됐든 서로 왕래가 있었을 것이다. 즉 오늘날의 비스퀴나 제누아즈, 카스텔라는 모두 그 근원은 하나인데 전해진 경로에 따라 다양한 호칭이 생겨나게 됐다는 것을 알 수 있다.

'스펀지케이크'라는 이름은 두말할 필요도 없이 미국식 명칭이다. 이 이름은 전파경로나 재료와 상관없이 오로지 봤을 때 모습이 스펀지 같다고 해서 붙여진 이름이다. 미국다운 발상이 아닐 수 없다.

이렇게 폭신하게 만들 수 있게 되자 과자의 세계도 그 양상이 상당히 달라졌다.

타르트 Tarte와 토르테 Torte, 그 분기점

타르트 Tarte와 토르테 Torte는 어원
은 같지만 현재는 전혀 다른 것을 가리
키는 말이 됐다. 타르트란 비스킷모양의
반죽으로 용기 모양을 만든 다음 안을
채워 넣는 과자를 말한다. 한편 토르테
는 스펀지모양의 반죽에 잼이나 크림을
샌드한 것을 말한다. 언제부터 이 두 가
지의 흐름이 생겨났을까? 다양한 단서

토르테

를 근거로 추정해 보면 15세기 후반부터 16세기에 걸쳐서 생겨난 것으로 보인다.

스펀지케이크가 생겨나기 전에는 비스킷 모양의 모든 타르트가 중심이었고 안
에 다양한 크림과 잼 또는 과일 등을 채워 넣었는데, 지금도 그 필링에 따라 다양
한 이름이 붙여져 있다.

그런데 그 분기점까지 거슬러 올라가면 타르트 린처 Tarte Linzer, 또는 린처 토
르테 Linzer Torte라는 과자가 나온다. 이 과자는 린츠지방의 명과로 지금도 인기
를 모으고 있는데 시나몬을 첨가한 반죽에 라즈베리 잼을 바르고 그 위에 다시 같
은 반죽을 그물모양으로 덮어 구운 것이다. 오늘날의 타르트나 토르테와 공통된
부분이 있다. 지금은 대체로 짙은 색의 반죽을 사용하지만 예전에는 하얀 반죽이
많았다고 한다. 그리고 언제부터인가 새로 전해진 부드러운 반죽이 주류를 이루게
됐다. 이것이 토르테의 시작이라고 한다.

그래서 지금도 토르테라고 불리는 과자는 그 대부분이 잼이나 크림 등을 샌드한
형태로 만들어진다. 이것이야 말로 타르트와 달라지기 시작한 시점의 형태가 남아
있는 것이며 그 기원을 확실하게 잇고 있는 것이다. 이 토르테가 다양한 맛과 형태
로 변화하면서 발전한 것은 이보다 더 시간이 흐른 19세기 무렵부터이다. 타르트

는 당시의 모습 그대로 오늘날에 이르러 널리 사랑받고 있다.

초콜릿의 시작

1519년 에르난 코르테즈 장군이 이끄는 스페인군은 몬테수마를 국왕으로 하는 남미 아즈텍과 싸워 승리를 거두었다. 이때 카카오의 존재를 알게 되면서 초콜릿의 역사가 시작됐는데 여기에는 슬픈 전설이 있다. 추오코론(中央公論)사가 출간한 『고대 아즈텍왕국』(마스다 요시오 增田義郞 저)을 보면 이에 대한 상세한 기술이 나와 있다.

초콜릿이 탄생한 무대는 고대 멕시코인데 여기에는 *아즈텍(아스테카)인들이 살고 있었다. 그들이 믿었던 신 가운데 케찰코아틀이라는 신이 있었다. 이 신은 깃털을 가진 뱀의 모습을 하고 있었고 공기의 신으로 숭상받았다. 사람들에게 별을 찾는 방법이나 이를 토대로 달력을 만드는 방법 등을 가르쳐 주었고, 식물에서 실을 뽑아 천을 만들고 깃털로 입을 것을 만들어 꾸미는 방법도 가르쳐 주었다. 그는 지상에 있는 인간들에게 다양한 교양과 문화를 전해준 신이었다.

아즈텍에는 지금으로서는 생각할 수 없는, 인간을 바치는 잔인한 관습이 있었는데 그는 이에 반대하는 입장이었다. 그리고 무엇보다 중요한 것은 케찰코아틀은 그때까지 신들에게만 허락됐던 귀중한 음식인 초콜릿과 옥수수를 인간들에게 내렸다.

이 신은 그곳 주민들과는 달리 얼굴이 하얗고 수염을 길렀다고 전해진다. 그런데 어느 날 라이벌 관계에 있던, 어둠의 세계를 다스리는 전쟁의 신 테스카틀리포카

---

* 이 나라는 모든 것이 양극의 대립을 통해 조화를 이룬다는 사상에 따라 모든 일이 이루어지고 있었다. 하늘과 땅, 낮과 밤, 현세와 내세, 전쟁과 평화 등 모순의 미묘한 균형 하에 현세가 존재한다고 믿었다. 이를 염두에 두지 않으면 아즈텍의 기이한 문화와 사상은 이해하기 어렵다.

카카오 빈을 로스트하고 가는 아즈텍(아스테카) 여인들.
벤조니의 작품에 실려 있는 16세기 판화 일러스트

라는 신의 책략에 넘어가 독을 마시게 된다. 이 독을 마신 자는 멀리 떨어진 왕국으로 여행을 떠나야 하는 운명에 처해진다. 그는 실의에 빠져 해변에 다다르자 "나는 언젠가 길을 떠난 바로 이 자리로 돌아올 것이다."라는 말을 남긴 채 파도 저편으로 사라졌다. 사람들은 이 존경하는 신과의 이별을 크게 한탄하며 슬퍼했지만 그래도 언젠가 다시 자신들 곁으로 돌아올 날이 있을 것이라고 굳게 믿으며 자신들의 생활로 돌아갔다.

그러던 어느 날 이 약속은 슬픈 형태로 지켜졌다. 에르난 코르테스장군이 이끄는 스페인 배가 이 땅을 찾은 것이다. 그는 유럽인이었기 때문에 피부가 하얀색이었다. 그리고 말을 본 적이 없는 그들에게는 말이 뛰어오르는 모습이 깃털을 가진 모습으로 비춰졌다. 사람들은 떠나던 케찰코아틀이 약속대로 돌아왔다고 믿었다. 기쁨 반 두려움 반으로 사람들은 이 얼굴이 하얀 손님을 맞이했다. 몇 번의 전쟁 끝에 입성한 그들을 아즈텍의 왕 몬테수마는 궁전으로 맞아들여 환영연을 열고 정성을 다해 환대했다.

그런데 이에 앞서 침략자가 찾아와 이 나라가 멸망한다는 예언이 있었는데 코르테스가 찾아온 시기와 절묘하게 맞아 떨어졌다. 몬테수마는 고민에 빠졌고 개인적으로는 이미 전의를 상실한 상태가 되었다.

코르테스 일행은 여기서 처음으로 초콜릿 음료를 알게 됐다. 이 음료는 옥수수와 후추를 카카오 빈 분말에 넣고 끓이거나 으깬 다음 바닐라 향을 첨가한, 쓴맛이 나는 걸쭉한 것이었다. 이는 쇼콜라트르 Chocolatre(쓴맛이라는 뜻)라고 불렸으며 오늘날 초콜릿의 어원이 되었다. 카카오 빈은 먹기도 했지만 화폐로서의 역할도 했다. 예를 들어 이 콩 10개로 토끼 한 마리, 콩 네 개면 호박 한 개, 콩 백 개면 질 좋은 노예를 살 수 있었다고 한다. 그리고 그 높은 가치 때문에 금이나 호박과 마찬가지로 공물로도 이용되었다.

카카오 빈의 열매와 나무

이렇게 카카오 빈은 당시 매우 고가였는데, 나중에 이 귀중한 카카오나무에 스웨덴의 식물학자 칼 폰 린네가 테오브로마 카카오 Theobroma Cacao(신들의 음식 카카오)라는 아름다운 이름을 지어 주었다. 오늘날 많은 사람들로부터 인기를 끌고 있는 초콜릿은 처음에는 음료였던 것이다.

그런데 이보다 먼저 초콜릿을 접한 사람이 있었다. 그가 바로 콜럼버스이다. 그는 환상의 나라 인도로 여러 번 항해를 떠났는데 그 네 번째 항해 때인 1502년 7월 30일에 니카라과에 도착했다. 그는 그곳에서 카카오 빈이 화폐를 대신하고 또 음료로도 이용된다는 사실을 알았지만, 그것이 얼마나 귀중한 것인지는 알아차리지 못한 채 그냥 지나쳐 버렸다. 만일 그때 그가 정말 조금만이라도 주의를 기울였다면 신대륙 발견에 이어 또 하나의 커다란 명예를 얻을 수 있었을 것이다. 그는 코르테스와 마찬가지로 처음에는 이 음료에 거의 흥미를 느끼지 못했고 그의 목적은 전혀 다른 곳에 있었다. 스페인에는 영광의 순간이, 아즈텍에는 비극의 순간이 이미 시작되고 있었다.

아스텍의 왕 몬테수마는 쇼콜라토르를 유난히 좋아했다. 그는 황금 주전자에 황금 세공을 한 대모갑(바다거북의 등과 배를 싸고 있는 껍질) 스푼과 함께 이것을 내오면 하루에 무려 50잔 이상이나 마셨다. 그리고 다 마시면 그대로 주전자를 호수에 던져 버렸기 때문에 태양빛과 달빛을 받은 호수 바닥은 항상 황금으로 눈부시게 반짝반짝 빛이 났다고 한다. 이렇게 귀중했기 때문에 역시 애용할 수 있었던 것은 왕권자였으며, 일반인들은 기껏해야 그 분말을 조금 다른 음료에 타서 마시는 정도에 지나지 않았다.

미지의 나라와 몬테수마가 소유한 부는 코르테스의 야심을 자극하기에 충분했다. 천문학이 발달할 만큼 높은 지적 수준을 갖고 있던 그들도 정복욕에 사로잡혀 철제 무기를 들고 나타난 야만인을 당해낼 방법은 없었다. 격렬한 전투 끝에 결국 아스텍의 군대는 코르테스가 이끄는 군대에 무릎을 꿇고 말았다. 이때 몬테수마의 궁전에는 카카오 빈이 산더미처럼 쌓인 창고가 수십 개나 있었다고 하는데, 스페인 군은 아직 쇼콜라토르의 맛과 그 귀중함을 몰랐다.

멕시코를 지배했던 스페인 사람들은 시간이 지나면서 원주민들에게 쇼콜라토르 조리법을 배우게 되면서 점차 즐기게 됐다. 그리고 코르테스는 1526년 이를 유럽으로 가지고 가 스페인국왕 카를로스 1세에게 바쳤다. 이렇게 케찰코아틀의 선물이자 신들의 음식인 카카오로 만든 쇼콜라토르는 깊은 안개 속에서 빠져 나와 널리 사람들에게 알려졌다.

이 무렵 조금 늦게 나타난 해운국 네덜란드와 영국에서는 아직 카카오의 귀중함을 모르고 포획한 스페인 선박에 있던 카카오 빈을 양의 똥이라 부르며 바다에 던져 버렸다. 지금 생각하면 매우 아까운 일이지만 당시에는 아직 세상의 인정을 받지 못했고, 초콜릿의 매력은 스페인만이 알고 있었기 때문에 그로부터 약 1세기 동안 재배에서 조리에 이르기까지 스페인이 독점했다. 점차 가공을 거치게 된 초콜릿은 더 입맛에 맞는 음료로 완성되어 갔다.

초콜릿이 보급되는 데는 교회의 수도사나 수녀들의 역할이 컸다. 설탕, 우유, 시

18세기 초콜릿 등 콩피즈리류를 제조했던 공장

나몬, 바닐라 등으로 조미하는 방법은 멕시코 콰나카에 있는 수녀원에서 개발한
것인데 그 기술이 오랫동안 비밀에 부쳐지면서 카카오 빈의 분말과 함께 수녀원
에 엄청난 이익을 가져다주었다고 한다. 수도사들도 이 음료를 매우 좋아했다. 지
나친 매력과 흥분을 유발시키는 자양제라는 이유로 한때 초콜릿 금지령까지 내려
졌을 정도였다. 그러나 이 금지령은 엉뚱한 이유로 풀리게 됐다. 1569년 당시 교황
피우스 5세가 초콜릿을 마시고 이렇게 맛없는 것은 습관이 될 리가 없다고 판단
을 내린 것이다.

그리스도교에는 예수 그리스도가 광야에서 40일간 단식한 것을 기념하는 성절
이 있다. 이 기간 동안 단식을 할 때 초콜릿을 마셔도 되는지 여부가 큰 논쟁을 불
러왔는데, 1662년 블랑카치오 추기경은 단식 중에 초콜릿은 마셔도 된다고 판단했
다. '단식을 할 때 액체는 마셔도 된다. 초콜릿은 액체이다. 고로 초콜릿은 지장이
없다.'라는 논법이었다. 이렇게 해서 초콜릿은 공공연하게 인정을 받게 되었다.

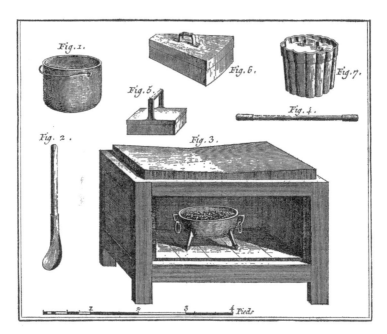

18세기 초콜릿을 포함한 콩피즈리류를 제조했던 도구들

　스페인 이외의 국가로는 1606년 스페인 궁정에서 일하던 이탈리아인 안토니오 카를레티에 의해 이탈리아에 전해졌다. 1615년에는 스페인 왕 펠리프 3세의 딸 안 도트리슈 공주가 프랑스의 국왕 루이 13세에게 시집갈 때 초콜릿도 처음으로 공주와 함께 피레네산맥을 넘어 프랑스로 들어갔다. 그리고 1660년 스페인의 왕 펠리프 4세의 딸 마리 테레즈가 루이 14세에게 시집갈 때는 그녀의 일행 중에 초콜릿을 조리할 줄 아는 하녀들이 함께 있었다고 한다.

　이를 계기로 프랑스 왕실과 상류사회에서는 초콜릿을 즐기게 되었고 이는 순식간에 유행하게 됐으며, 왕실은 초콜릿을 위해 거액의 비용을 필요로 했다고 전해진다. 그리고 결국 1760년에는 프랑스 왕실의 초콜릿 조리소라는, 프랑스 최초의 초콜릿 공장이 세워진다.

한편 바다 건너 또 하나의 유럽, 영국에서는 초콜릿에 대한 관세가 높아 많이 보편화되지 못한 상태였다.

1652년경에는 커피하우스가 생겨나 크게 번창했는데 얼마 후 초콜릿도 메뉴에 추가되었다. 초콜릿은 커피보다 고가로 격이 높았기 때문에 이를 파는 가게는 초콜릿하우스 또는 코코아하우스라 불렸다. 이후 초콜릿하우스 또는 코코아하우스는 유럽 전체로 퍼져 나갔으며, 문학이나 정치, 갬블을 좋아하는 고객들이 모이면서 유행이 모이는 곳으로 인식되어 번창해갔다.

프랑스로의 집중과 부르봉왕조

각국의 다양한 의도 속에서 이루어졌던 교류도 과자의 흐름과 형성에 커다란 역할을 했다.

영국과 프랑스의 백년전쟁(1337~1453년)으로 피폐해진 프랑스를 절체절명의 위기와 혼란으로부터 구한 것은 오를레앙의 소녀 잔 다르크였다. 그녀는 칼레를 제외한 전 영토에서 단번에 영국세력을 몰아냈다. 이렇게 차츰 안정되는 듯 보였던 프랑스는 1563년, 이번에는 신교도와 구교도들 간의 종교전쟁이 시작됐다. 이 혼란을 가라앉힌 것이 앙리 4세인데, 이를 계기로 부르봉왕조가 시작됐다.

이때부터 요리와 과자를 포함한 화려한 근대 프랑스문화가 꽃을 피우게 되는데 이 부르봉가에 의한 루이왕조야말로 현대 과자의 핵심을 이루어 갔다고 해도 과언이 아니다. 그리고 국력의 증대와 함께 다양한 주변문화가 봇물 터지듯 프랑스로 흘러들어 갔다.

예를 들어 이탈리아의 메디치가나 스페인왕실, 오스트리아의 합스부르크가, 폴란드 왕실 등을 통해 모든 것이 프랑스로 집중됐다. 그 결과 각국, 각지에서 만들어 즐겼던 과자가 프랑스로 들어와 재정립된 것이 현대로 이어지고 있다. 이것이 바로 요즘 요리나 과자를 이야기할 때 대표적으로 '프랑스 요리', '프랑스 과자'를 떠올리게 되는 이유이다.

카트린 공주의 결혼

각국의 부호와 왕실에서는 다분히 정략적으로 보이는 혼례가 성사되곤 했다. 이것이 과자를 비롯한 문화교류에 박차를 가했다는 것은 역사가 증명해주고 있다. 이탈리아 피렌체(프로방스)의 부호 메디치가는 프랑스의 왕 앙리 2세에게 딸 카트린 드 메디시스를 왕비로 보냈고 앙리 4세의 왕비로는 마리 드 메디시스를 보냈다.

당시까지의 문화의 중심은 쇠퇴했다고는 해도 로마의 뒤를 이은 선진국 이탈리아에 있었고, 프랑스는 점차 국력을 키워가고 있는 상황이었다. 그래서 딸을 이용해 손을 잡으려 했던 것인데, 프랑스는 국력은 커졌지만 문화적으로는 아직 뒤떨어진 상태였다. 아무리 나라나 집안을 위해서라고 해도 정략결혼을 시켜야하는 딸에게 연민의 정을 느끼는 것은 부모라면 당연한 일이다. 그래서 메디치가는 당시의 모든 생활양식을 딸을 시집보낼 때 함께 보냈던 것이다. 즉 이들 일행에는 하녀와 가구는 물론이거니와 요리사나 제과사까지도 포함되어 있었다. 환경이 바뀌는 이국 땅에서도 아무런 불편함 없이 생활할 수 있도록 배려한 것이다.

그 결과 카트린 공주는 결혼과 함께 셔벗(소르베)과 마카롱, 프랑지판, 가토 드 밀란, 프티 푸르, 비스퀴 아 라 퀴이예르 등 문화적으로 앞선 과자를 프랑스로 가지고 와 르네상스에 힘을 실어 주었다.

당시의 프랑스는 설탕 하나를 보더라도 카소나드(조당)밖에 없었다. 따라서 당시 프랑스가 얼마나 큰 문화적 충격을 받았을지는 상상이 간다. 그들에게는 전혀 경험해 보지 못한 미각문화였다. 이밖에도 많은 파티스리와 당과 등이 이탈리아에서 프랑스로 들어왔으며 이를 계기로 점차 유럽 전체로 확산되어 갔다.

카트린 공주는 명백한 정략결혼이라는 점에서 다분히 동정의 대상이 되기 쉬웠지만 상당히 패기 넘치는 왕비였던 것으로 보인다. 그녀는 부모의 말씀을 그대로 따르는 기가 약한 딸이 아니라 자신의 명성을 높이기 위해서라면 수단과 방법을 가리지 않는 면이 있었다. 특히 여성의 미와 만찬에 대해서는 이상하리만큼 관심이 많았다고 한다.

예를 들어 슈농소성에서 연 연회에서는 궁정에서 가장 아름답고 정숙한 부인들을 모아 반라에 머리 스타일은 신부처럼 흐트러뜨린 모습으로 시중들게 했다고 전해진다. 그녀는 어떻게 하면 임금이 기뻐할지를 꿰뚫고 있었다. 이렇게 아름다운 여성의 몸을 보면서 산해진미를 즐길 수 있는 만찬은 아마도 손님들을 압도했을 것이다. 공주로서의 당돌함이었는지, 외로움에서 생긴 허영 때문이었는지는 모르나 여기에만 당시 돈으로 10만 프랑을 썼다고 한다.

셔벗(소르베) Sherbet

십자군이 활동했던 시기에 아라비아나 페르시아에서 이탈리아 각지로 들어왔던 셔벗의 제조법은 확실하게 이 지역에 정착해 이탈리아 상류계층의 식탁을 즐겁게 했다. 그리고 이 방법은 1533년 메디치가의 공주 카트린이 결혼할 때 다른 다양한 과자들과 함께 프랑스로 전해졌고 이를 계기로 점차 유럽 각지로 전파됐다.

영국에서는 1603년에 처음으로 셔벗이라는 말이 문헌에 나타났다. 그리고 전해지는

과일 셔벗

바에 따르면 그 무렵 도 미레오라는 요리사가 찰스 1세가 참석한 연석에서 이 차가운 음료를 내놓아 크게 평가를 받았다고 한다. 그는 셔벗 만드는 방법을 비밀에 부치겠다는 약속을 하고 연금 20 파운드를 받았다고 한다. 당시의 셔벗은 과일 주스나 와인, 향이 있는 리큐르 등을 이용한 셔벗으로 완전히 얼리지 않은 매우 차가운 음료였던 것으로 알려져 있다.

그러나 이를 즐길 수 있는 사람들은 상류계층에 한정돼 있었다. 나중에 이탈리아상인이 그곳에서 나는 레몬이나 오렌지의 과즙을 이용해 만든 레모네이드, 오렌지에이드를 차갑게 해서 일반인들에게 판매하게 되었다.

1660년경에는 시칠리아인 프란시스코 프로코피오라는 사람이 이를 더 얼려서 팔았는데 큰 인기를 얻었다고 한다. 그리고 점차 일반 서민들이 맛볼 수 있을 만큼 퍼져나갔다. 이후 영어권에서는 이 셔벗에 크림을 섞으면 버터형태가 되기 때문에 버터 아이스 또는 크림 아이스라 부르게 됐고 이것이 아이스크림이 됐다.

마카롱 Macaron

과자문화의 발전을 더듬다 보면 다양한 요인과 함께 교회나 수도원의 역할이 얼마나 컸는지 새삼 깨닫게 된다.

과자는 사람들에게 기쁨을 준다. 이는 신을 모시는 사람들에게는 안성맞춤인 소재로서 이를 이용해 자신들의 시설유지나 운영 등에 활용할 수 있다면 이보다 더 평화로운 일은 없을 것이다. 일찍이 멕시코 콰나카 수녀원에서는 초콜릿을 혼합해 단번에 이름을 널리 알렸으며, 프랑스의 낭시수도원에서 만든 마카롱도 유명했다. 마카롱은 이탈리아가 발상지로 알려져 있는데 그 원형은 벌꿀과 아몬드, 달걀흰자로 만들어졌다. 이들 재료를 보면 마카롱은 가장 고전적인 과자 부류 중 하나라고 할 수 있다.

마카롱도 메디치가의 카트린 공주가 앙리 2세에게 시집갈 때 데리고 간 요리사에 의해 프랑스에 전해졌다. 그리고 얼마 되지 않아 프랑스 각지로 퍼져 나갔고, 변화를 거치면서 각 지역의 명과로 평가받게 됐다. 17세기에는 로렌지방의 낭시수도원에서 사용하던 마카롱이라는 이름이 사람들 입에 오르내리게 됐다.

18세기 들어 프랑스혁명(1789년) 당시 낭시 Nancy의 신심 깊은 가정에 피신했던 수녀들은 자신들을 숨겨준 집 주인의 친절함에 대한 보답으로 마카롱을 만들었는데 후에 이 마카롱이 낭시 전역으로 퍼져나갔다. 수녀들이 만든 마카롱을 사람들은 쇠르 마카롱 Soeurs Macarons이라 부르게 되었다.

그리고 점차 각지 수도원에서도 만들게 되었고 센강 상류에 있는 물랑 Melan의 성모마리아수도원 마카롱도 유명해져 일부러 이를 구하기 위해 루이왕가의 황태자와 태자비가 수도원을 찾았다고 한다.

그리고 시대를 더 거슬러 올라가면 마카롱 드 코메리 Macarons de Cormery도 유명했다. 이는 수도원 코메리에 예부터 전해져 내려온 것으로 여기서 만드는 것만 허락되었다고 하며 배꼽과 같은 독특한 모양이 특징이었다.

한편 그 옛날 샤를마뉴 Charlemagne(카를 대제)의 열렬한 추종자였던 과자 장인 형제(이름 불명)와 또 한 사람 장 Jean에게 이 독특한 마카롱의 제조가 허락되었다고 한다. 그리고 그들의 마카롱이 정말 맛있었기 때문에 평판이 좋아 세 사람이 만들기에 충분한 만큼의 주문이 이어졌는데 하루에 가마를 세 번 가득 채울 정도였다고 기록하고 있다. 때문에 제조를 허락받지 못한 다른 제과인들은 심하게 질투를 느꼈다고 한다.

과자의 발전과정에는 이렇게 수도원의 역할이 작지 않았다.

마카롱

미식의 성과, 프랑지판 Frangipane

프랑지판은 식도락가로 유명한 이탈리아 사람 프랑지파니 Frangipani라는 사람이 만들었다고 한다. 이것은 *아몬드 크림(크렘 다망드 Creme d'amande)과 커스터드 크림(크렘 파티시에르 Crème pâtissière)을 섞은 것으로, 구워내면 매우 풍미가 있었다. 그는 향수상인이었으며 루이 13세 (1610~1643년) 시절 파리에 살았다고 한다.

여기서 다시 17세기 중엽에 쓰인 『르 파티시에 프랑수아 Le Pâstissier François』라는 책을 펼쳐 보자. 실제로 이 이전에는 신뢰할 수 있는 과자관련 서적이 전무했다고 해도 좋을 정도였으며 그 때문에 당시 혹은 그 이전에 대해 기록한 가장 귀중하고 확실한 자료로서 주목할 만하다. 이 책을 보면 프랑지판에 대한 단서를 찾을 수 있다. 이 책에는 크렘 퀴 에 플뤼스 핀 Cresme qui est plus fine 이라는 크림이 나오는데 이를 번역하면 '더 상급의 크림'이라는 뜻이다. 제작순서는 '크렘 파티시에르(커스터드 크림)를 만든 다음 아몬드 반죽을 더한다'라고 되어 있다. 이는 프랑지판이라고는 명시하지 않았지만 어쩌면 그럴 수도 있다는 생각이 들고, 실제로 번역된 내용에 따라 충실하게 재현한 결과를 보면 확실히 프랑지판이라고 봐도 좋을 듯하다.

시대고찰이라는 관점에서 보면 현재의 것과는 느낌이 다르기는 하지만 크렘 파티시에르도 있었던 것으로 보인다. 그리고 당시로서는 이 크렘 파티시에르도 물론 상급 크림이었겠지만 여기에 아몬드를 섞어 더 상급의 크림을 사용했기 때문에 이 책에서 언급했을 것이다. 연대를 봐도 이 책이 발행된 것은 1655년으로 식도락가

---

* 아몬드 크림(크렘 다망드 Crème d'mande) : 1506년 오를레아네 지방 피티비에 Pithiviers시(市)에 있던 프로방시에르라는 제과점이 처음으로 아몬드 크림을 만들었다. 나중에 이를 푀이타주에 넣었는데 이것이 지금도 이 시의 명과로 사랑받는 피티비에이다. 이후 이 크림은 제과의 기본으로 전해져 현대에 이르고 있다.

프랑지파니가 살았던 시대와 맞아떨어진다. 크렘이라는 이름은 나중에 그의 이름이 붙은 것으로 보인다.

스푼으로 만드는 비스퀴 아 라 퀴이예르 Biscuit à la Cuiller

1540년 앙리 2세의 비로 시집 온 카트린 드 메디시스 Catherine de Médicis와 함께 파리로 오게 된 플로렌스의 과자 장인들은 많은 프티 푸르 기술을 프랑스로 들여왔다. 비스퀴 아 라 퀴이예르도 그 가운데 하나로 영어로는 핑거 비스킷이라고 하는 길고 가늘며 가벼운 구움 과자이다. 퀴이예르란 프랑스어로 스푼을 의미한다. 이 시대에는 아직 짤주머니가 없었고 반죽은 스푼으로 퍼서 철판이나 종이 위에 올려 구웠다. 그래서 명칭이 여기서 유래되어 숟가락으로 만드는 비스퀴라 불렸던 것이다.

눈부시게 아름다운 프티 푸르 Petit four

프티 푸르는 현재 프랑스 과자뿐 아니라 유럽 과자의 귀여움을 대표하는 것 중 하나로 자리잡았다. 프티 Petit는 '작다'라는 뜻이고 푸르 Four는 '가마'를 의미한다. 정설에 따르면 '가마(오븐)에 넣어 구운 작은 것'이라는 의미로 해석되는데, 이후 가마에서 굽지 않는 것까지 포함해 작은 한입 크기의 과자를 가리키게 됐다.

그리고 이는 파티 등에서 부인들이 먹기 편하게 만들어진 것으로 립스틱이 지워지지 않도록 하기 위한 발상이었다고 말하는 이도 있다. 그 진위야 어찌되었든 한입에 먹기 좋게 하려는 목적이 달성된 것만은 확실하다. 그리고 작고 귀여운 것이 아름답게 늘어서 있는 것만으로도 분위기가 흥겨워진다. 과자의 역할을 완벽하게 발휘하고 있다고 할 수 있다.

훗날 프랑스의 천재 제과인이라 불렸던 앙토넹 카렘 Antonin Carême도 이것에 대해 "이 과자는 원래 대형 앙트르메용 반죽을 구운 다음 급속히 온도가 내려간

가마에 넣어 구운 것에서 왔다"고 언급했다.

이탈리아에서 생겨난 다양한 프티 푸르는 지금도 이탈리아 과자의 전통 속에 살아 있어 우리들을 즐겁게 해주고 있다.

크레프 Crêpe

이밖에 중세에 태어난 과자로는 크레프를 들 수 있다. 크레프는 '비단과 같은'이라는 뜻이며 이 때문에 기본적으로는 얇게 굽는다. 어원을 보면 중세의 크레스프 Cresp, 크리스프 Crisp에서 온 것으로 프랑스어로는 따로 판케 Pannequet라고도 한다. 이는 팬케이크에 해당하는 말이다. 현재 프랑스의 대표적인 앙트르메 중 하나로 자리잡았다. 파리에서는 대부분 길거리에서 고프르와 마찬가지로 한 평 크기의 가게에서 잼이나 버터, 슈거파우더 등을 곁들여 파는데 가장 서민적인 프랑스판 패스트푸드라고 보면 된다.

대서양 연안의 브루타뉴지방은 크레프의 명산지로, 시내에 크레프리 Crêpries라는 크레프 숍이 있는데, 단 것에서부터 치즈, 햄, 소시지 등을 넣은 것까지 대충 봐도 수십 종의 메뉴를 다양하게 갖추고 있다.

크레프

크레프는 본래 빵을 대신하거나 또는 간식으로 먹었는데 그 다양성이 그대로 오늘날까지 전해져 넣는 재료에 따라 오르되브르에서 메인 디시, 디저트에 이르기까지 폭넓게 활용되고 있다. 그리고 아이스크림을 넣어 냉과를 만들기도 하고 뜨거운 소스를 넣어 온과로도 즐긴다. 이렇게 용도에 따라 다양한 종류로, 끝없이 응용되고 있는데 그 중 하나인 크레프 쉬제트에 대해 살펴보자. 갑자기 근대로 가는데 이는 19세기 이야기이다.

영국의 에드워드 황태자의 젊은 셰프 앙리 샤르펜티에가 오렌지와 레몬 과즙, 과피와 함께 설탕, 버터, 리큐어를 첨가한 독특한 소스를 고안해 냈다. 그리고 먹기 직전에 식당의 불을 끄고 뿌려놓은 리큐어에 불을 붙였다. 이 로맨틱한 취향에 황태자는 매우 기뻐했고 동석했던 쉬제트의 이름을 따서 이 앙트르메에 크레프 쉬제트이라는 이름을 하사했다고 한다.

그리고 다른 문헌에 따르면 파리의 코메디 프랑세즈에서 쉬제트라는 이름의 여배우가 크레프를 먹는 역할을 맡게 됐다. 그러나 허구한 날 똑같은 것을 먹다 보니 매우 우울해졌다. 이 이야기를 들은 그녀의 팬이자 요리사였던 사람이 그녀를 위해 특별한 크레프를 만들어 매일 무대에 제공했다. 그리고 큰 역을 마친 그녀는 답례로 그 요리사가 만든 크레프에 자신의 이름을 선물했다는 것이다.

크레프는 원래 2월 2일 '취결례'에 구워 바쳤던 것이 발단이었다고 한다. 이 날은 샹들뢰르 Chandeleur(성촉절)라고도 하는데 신자들은 초에 불을 켜고 행렬하는 의식을 치른다. 오늘날에는 이러한 종교적인 의미에서 발전해 놀이로서의 비중이 크다.

이날 프랑스에서는 이 크레프로 운수를 본다. 먼저 왼손에 금화를, 오른손에 프라이팬을 쥐고 구운 크레프를 공중으로 높이 던진다. 이를 프라이팬으로 잘 받으면 그 해는 행운이 찾아오고 특히 돈 때문에 어려운 일이 없지만 잘 받지 못하면 운수가 그다지 좋지 않다고 한다.

생크림의 등장

17세기로 들어서면 생크림이 등장한다. 일설에 따르면 프랑스의 바텔 Vatel이라는 사람이 개발한 것이라고 한다.

생크림을 거품 낸 것을 프랑스어로 크렘 샹티이 Crème chantilly라고 한다. 생크

샹티이성

림은 휘저으면 많은 기포가 생겨 매우 가볍고 부드러운 감촉을 갖는다. 따라서 응용범위도 매우 넓기 때문에 현대 제과에서는 빼놓을 수 없는 재료가 되었다.

파리의 북쪽 교외에 샹티이 Chantilly라는 도시가 있다. 이 지역은 예로부터 프랑스의 식량창고라고 할 정도로 목축이 발달한 곳으로 질 좋은 젖소가 많아 생크림의 산지가 되었다. 크렘 샹티이라는 이름의 유래가 여기에 있다고 한다. 또 샹티이에는 멋진 고성이 있다. 하늘 높이 솟은 첨탑의 아름다움으로 명성이 높은 곳이다. 생크림을 저어 거품을 냈을 때 거품기를 빼면 크림의 끝부분이 같이 따라 올라온다고 하여 이 성에 비유해 크렘 샹티이라는 이름이 붙여졌다는 설도 있다.

이밖에 다음과 같은 과자가 생겨나거나 또는 이전의 과자가 계승되어 식생활속에 녹아들었다. 이스트균을 이용한 브리오슈 Brioche, 도우에 버터를 넣은 푀이타주 Feuilletage, 누가 Nougat, 드라제 Dragée, 프랄렝 공작에게서 유래한 플랄린 Praline, 베샤멜 공작에게서 유래된 베샤멜소스 Sauce béchamele, 크렘 파티시에르 Crème pâtissière(커스터드 크림)의 원형에 해당하는 것 등. 그리고 푀이타주나 크림류가 유통되기 시작하자 이를 이용해 만들어 낸 파리지방의 종교과자 갈레트 데

루아 등도 오늘날의 형태로 완성되어 갔다.

이렇게 수많은 파티스리 Pâtisserie(도우 과자), 콩피즈리 Confiserie(당과), 글라스 Glace(빙과), 앙트르메 Entremets가 발달했으며, 왕후귀족을 중심으로 한 가스트로노미(미식학 美食学)가 확립되어 갔다. 사치의 끝이 가져다 준 성과이기도 하다. 아이스크림과 같은 빙과가 정식 식사의 앙트르메로 정착한 것도 이 시기이다.

과자의 원점 브리오슈 Brioche

이스트균의 발효를 이용해 만드는 것 가운데 하나가 브리오슈이다. 형상이나 만드는 법을 보면 분명히 빵인데 반죽에 버터 함유량이 많다는 점에서 이를 과자로 분류하는 경우도 있다. 실제로는 빵집과 제과점 모두 이를 취급하고 있기 때문에 중간적인 존재라 할 수 있다. 빵으로서는 앞선 형태이고 과자로서는 원시적인 형태이기 때문에 그 기원은 멀리 거슬러 올라가는데 현재의 형태에 거의 가깝게 된 시기를 살펴보자.

이전에는 지금처럼 버터가 아니라 브리치즈를 사용했다고 한다. 그리고 '오슈'는 '오치'라는 고대 페르시아의 하케이니아 지방에서 나는 큰 무화과와 모양이 비슷하다고 하여 그렇게 부르게 되었다고 한다. 그리고 또 다른 두 가지 설이 있다. 하나는 파리의 유명한 퐁네프 Pont-Neuf라는 오래된 다리 위에서 카나리 브레드를 팔던 장 브리오슈라는 사람의 이름에서 왔다는 설이다. 그리고 또 하나는 산

브리오슈

브리외 St-Brieux라는 마을 사람들을 브리오시안 Briochiens 이라 불렸는데 이곳 제과인들과 관련이 있다는 설이다.

조금 더 현대로 내려오면 브리오슈에 대해 다음과 같은 에피소드가 있다.

루이 16세의 왕비 마리 앙투아네트에게 측근이 "시민들이 빵이 없다고 아우성입니다."라고 말하자 "빵이 없으면 과자를 먹으면 되지 않는가!"라고 답했다는 유명한 일화가 있다. 여기서 마리 앙투아네트가 말한 과자가 바로 브리오슈였다.

당시 일본에는 아직 브리오슈가 없었는데 번역사가 고민 끝에 브리오슈도 과자와 같은 것이라 생각하고 이렇게 번역했던 것 같다. 이 번역된 내용을 보면 사치스러운 생활에 젖어 서민들의 생활을 전혀 짐작도 못하는 마리 앙투아네트의 인물상이 상상이 간다.

지금은 그 종류도 브리오슈 크로네 Brioche couronne라는 왕관모양을 한 것과 브리오슈 무슬린 Brioche mousseline이라는 원통 모양의 것 등 다양한데 가장 일반적인 것은 브리오슈 아 테트 Brioche à tête이다. 이것은 반죽을 표주박 모양으로 성형한 다음 국화모양 틀에 눈사람 모양으로 채워 구운 것으로 카페오레에 적셔 먹는 조식용으로 인기가 있다.

푀이타주 Feuilletage

푀이타주는 일본에서는 일반적으로 파이반죽을 가리키는 말이다. 푀이타주는 어떻게 그런 식감을 낼 수 있는 것일까? 한 마디로 정리하면 버터와 밀가루가 층을 이루기 때문이다. 재료를 보면 밀가루와 물, 버터뿐으로 매우 단순하다. 밀가루를 물로 반죽하면 글루텐이라는 점성이 생긴다. 상당히 탄력이 있는 반죽이 되기 때문에 쉽게 터지지 않는다. 이 반죽을 평평하게 늘인 다음 버터를 싸서 넣고 봉을 이용해 여러 번 접어 올린다. 그 횟수에 따라 버터와 반죽의 층은 누진적으로 늘어 결과적으로는 수십 겹, 때로는 수백 겹이 되는 푀이타주 반죽이 완성되는 것이다.

이번에는 푀이타주가 구워지는 과정을 살펴보자. 이 반죽에 열이 가해지면 안에 있던 유지가 비등상태가 된다. 마치 튀김처럼 뜨거워진 기름에 수분이 닿으면 튀면서 서로 부딪친다. 가열된 유지와 수분을 머금은 반죽이 서로 튀면서 겹을 끌어올려 각 겹 사이에 공간이 생긴다. 이렇게 구워서 바삭바삭한 특유의 반죽이 완성되는 것이다. 이 때문에 만드는 도중에 반죽이 균등하게 접혀있지 않으면 부풀어 오르는 것이 일정치 않아 원하는 모양으로 완성할 수 없다. 그리고 안에 들어가는 버터도 너무 부드러우면 밀가루 반죽에 스며들어 확실한 겹이 생기기 어려워 굽더라도 부풀어 오르지 않는다.

이 반죽을 만드는 방법이 얼마나 오래 되었는지에 대해서는 이미 언급했는데 프랑스의 『라루스 요리백과사전』에서도 다음과 같이 해설하고 있다. 이 반죽의 원형, 반죽에 기름을 섞어 구워내는 법은 이미 고대 그리스인들도 알고 있었다는 것이다. 그리고 샤를 5세 Charles Ⅴ (재위 1364~1380년) 시대에 카오르 Cahors (기엔지방 로트 데파르트망)라는 지역에서는 푀이타주 아 륄르 Feuilletage à l'huile가 이 지역 특산물이었다고 한다. 또한 아미앵의 사교였던 로베르라는 사람이 1311년에 쓴 책에 이미 푀이타주를 사용한 과자가 있다고 적고 있다.

그리고 이 책에 따르면 이것을 현재의 형태로 만든 것은 17세기의 유명한 화가 클로드 젤레 Claude Gelée였다는 설과 콩데가의 제과장이었던 푀이에 Feuillet라는 설이 있다. 클로드 젤레는 젊었을 때 한때 과자제조 견습생이었던 시절이 있었는데 한번은 반죽에 버터를 넣는 것을 잊어버렸다고 한다. 그래서 당황해 나중에 버터를 넣고 반죽을 접었다는 것이다. 매우 재미있는 이야기이다. 실패는 누구에게나 있는 것이고 이런 실수는 쉽게 일어날 수 있는 것이며 그리고 머리회전이 빠른 사람이라면 어쩌면 시도했을 법한 방법이기도 하다.

고대에도 더운 지역에서 반죽에 유지를 바르고 말아 만든 과자가 있었으며, 이를 푀이타주의 고전이라고 설명하는 것도 자연스러운 일이지 모르나, 어쩌면 이런 실패에서 완성된 것일 수도 있다.

한편 푀이에는 본래 제과인이었으며 그 이름이 푀이타주와 매우 비슷하다는 점에서 그가 만들고 자신의 이름을 본떠 지은 것은 아닐까라는 하는 설이다. 그러나 많은 문헌에서는 이렇게 연관 짓는 것에 대해 조금 어린 아이 같은 발상이라며 무리가 있다고 적고 있다. 단, 푀이타주를 파트 푀이테 Pâte Feuilleté라고 하는 점에서 추측해 보면 무조건 부정할 수도 없는 측면이 있다. 실제로 요리인 조제프 파브르 Joseph Favre(1849~1903년)는 그의 저서 『요리·영양 백과사전 Dictionaire universel de le cuisine』에서 푀이에가 파트 푀이테의 발명자라고 적고 있다. 세계적으로도 권위를 인정받고 있는 라루스에서 조차 판단을 못 내리고 있는 것으로 보아 조급하게 결론을 내리는 것은 피해야 한다.

『르 파티시에 프랑수아 Le Pâstissier François』라는 책을 보면 당시 이 반죽을 만들었던 방법을 알 수 있는 단서를 상당 부분 찾을 수 있다. 여기에 파트 푀이테 Pâte Feuilleté가 나온다. 프랑스의 고어이기 때문에 번역을 하기에 어려운 점이 많다. 특히 계량 단위와 기준이 문제이다. 이 책에 따르면 당연히 배합은 현재와 상당히 다르다. 예를 들어 버터가 약 반 분량이기 때문에 전체적으로는 밀가루의 비율이 매우 높아진다. 이 때문에 반죽이 잘 뜨지 않고 식감도 딱딱하다. 그런데 만드는 방법은 버터를 샌드하는 방식으로 완성도 높은 접이형 파이 반죽이고 이것이야 말로 현대의 푀이타주 그 자체이다. 이것이 시간이 흐르면서 변화되어 지금에 이르게 됐을 것이다.

근세에 생겨났다는 가토 푀이테 등도 이 반죽으로 만들어진 과자로 보인다. 같은 종류의 반죽으로 같은 책에 파트 아 루이유 Pâte à l'huile가 나온다. 이것은 고형 버터를 사용하지 않고 액상의 기름을 섞어 만드는 반죽이다. 문헌을 번역해 재현하다 보면 새로운 발견을 하게 된다. 먼저 기름을 불에 올리고 빵 껍질을 넣는다고 되어 있다. 아마 당시의 기름은 오늘날만큼 정제되어 있지 않아 상당히 불순물이나 불쾌한 냄새가 났을 것이다. 그래서 탈취제로서 활성탄과 같은 역할을 빵이 했던 것으로 추측된다.

이렇게 문헌에 따라 만든 것은 반죽의 탄력이 좋지 않아 구우면 부서지기 쉬운 상태가 되며 미각적으로는 크래커에 매우 가깝다. 추측하건데 액상 유지로는 역시 매우 작업성이 좋지 못해 언제부터인가 고형 버터로 대체되어 오늘날의 파트 브리제 Pâte brisée나 쾨이타주 아 라 미니트 Feuilletage á la minute, 또는 쾨이타주 라피드 Feuilletage rapide라는 버터를 섞어 즉석에서 만드는 반죽 등으로 변화해 왔을 수도 있다.

어찌 되었든 쾨이타주는 프랑스과자뿐 아니라 현대 양과자 세계에서 이제 없어서는 안 될 존재가 된 반죽이라는 것은 분명하며 그 용도는 헤아릴 수 없을 정도로 많다. 그리고 어떤 미각에도 맞기 때문에 단과자류 전반뿐 아니라 특히 소금 맛의 특징을 갖는 요리풍의 과자나 안주, 오르되브르에도 사용되는 등 다양하게 이용할 수 있는 반죽이다.

파이반죽이라는 말

우리는 평소 전혀 주저하지 않고 파이반죽이라는 말을 쓰고 있는데 엄밀히 말하면 파이 반죽이라는 말은 존재하지 않는다.

파이란 어디까지나 완성된 하나의 제품명이며 접시 모양의 용기 위에 여러 가지 과일 혹은 크림을 얹거나 또는 이를 구운 것이다. 따라서 그 용기를 만드는 재료는 비스킷이나 쿠키 모양의 반죽도 좋고 물론 파이반죽도 좋다. 즉 반드시 이것이 아니면 안 되는 것이 아니다. 그런데 왜 바삭바삭한 버터와 밀가루의 층상 반죽만을 가리켜 파이반죽이라고 한정한 것일까?

실은 메이지(明治)시대에 양과자가 전해졌을 무렵 한 파이모양의 과자에 대해 누군가가 그 용기를 만드는 반죽을 묻자 질문을 받은 사람이 과자의 형태에 대해 문

125

VII. 근세

는 것인 줄 알고 "그것은 파이라는 것이다"라고 대답했을 것이다. 이후 그때 우연히 사용한 반죽, 쾨이타주에 이 이름이 붙은 채로 오늘날에 이르게 됐다. 사실 최근뿐 아니라 꽤 오래 전부터 이 잘못된 명칭에 대한 지적이 있었고 과거 여러 차례 개정 하려 했으나 일본 전국에서 이를 만드는 사람은 물론 일반소비자들에게까지 완전 히 침투해버려 어쩔 수 없이 오늘날에 이르고 있는 것이다.

순수한 명명, * 플랄린 Praline

때는 루이 13세(재위 1610~1643년)에서 루이 14세 (재위 1643~1715년) 시대로 넘어가던 시절. 수아주르 프랄렝 공 le duc de Choiseur Pralin(1598~1674년)은 전쟁터에서뿐 아니라 평판이 높은 부인들 사이에서 무용담으로 그 이름을 떨쳤다. ** 프롱드의 난에서는 왕에 충성을 맹세하고 스페인군을 이끄는 튀렌을 무 찌른 것으로도 명성이 높은 무장이다.

그러던 어느 날 그는 또 하나의 성공을 거둔다. 그 의 주방장 클레망 구루죠 Clement Guluzot 가 만든 콩

루이14세(리고 작품, 베르사이유)

피즈리(당과)가 모두를 매료시켰던 것이다. 당시까지 그 누구도 이렇게 맛있는 과 자를 먹어본 적이 없었다. 귀부인들은 프랄렝 공작 주위에 몰려들어 그 과자의 이 름을 물었다. 이름까지는 생각해 두지 않았던 터라 머뭇거리다 "이름은 여러분들 께 맡기지요."라고 말하자 참석자 중 한 사람이 "프랄린 Praline"이라고 말했다. 프 랄린은 프랭란 Pralin의 여성형이다. 이렇게 지어진 이름이 이후 전 세계로 퍼져나 갔다고 한다. 매우 순수하게 이름이 지어졌다. 이 주방장은 프랄린 공작의 집 일을 그만 두고 오를레아네 지방의 루아레 데파르트망에 있는 몽타르지 Montargis 라 는 곳에 프랄린 가게 Maison de Praline를 열었는데 이것이 나중에 국가에 납품하

는 당과점이 되었다고 한다.

프랄렝 공작 시절의 프랄린은 아몬드에 여러 가지 향과 색을 입히고 설탕을 뿌린 것이었다. 이후 설탕을 캐러멜화해서 아몬드와 섞은 다음 잘게 썬 것이 프랄리네 Praliné라 불리게 되었고 이를 으깨어 페이스트 형태로 만든 것도 같은 이름으로 표현하게 되었다. 그리고 지금은 이들 재료를 센터(충전물) 등에 사용한 것뿐 아니라 사용하지 않은 것까지도 총칭하게 되었으며 우리가 말하는 한입 크기의 초콜릿과자는 그 이름을 물려받아 프랄린이라고 부르며 전 세계 과자를 좋아하는 사람들의 마음을 매료시키고 있다.

베샤멜 소스 Sauce Béchamel

본격적인 요리와 요리과자라 부르는 오르되브르, 앙트레 등 프티 푸르 살레에도 많이 사용되는 것 중에 베샤멜 소스 Sauce Béchamel가 있다. 화이트 소스라고도 하는데 근대 요리에서는 없어서는 안 되는 역할을 해왔다. 이 베샤멜 소스가 루이 드 베샤멜 Louis de Béchamel이라는 사람의 이름에서 유래되었다는 사실은 잘 알려져 있다. 그는 프롱드의 난을 통해 부를 축적한 은행가로 프랑스 국왕 루이 14

---

* 스위스와 독일 등에서는 프랄린이 아몬드와 설탕 페이스트 외에 초콜릿 봉봉의 총칭으로 쓰이고 있다. 프랑스에서는 이 페이스트를 가리켜 프랄리네라고 하며 초콜릿과자의 총칭으로는 따로 봉봉 오 쇼콜라 Bonbon au chocolat라는 말이 쓰이고 있다.

** **프롱드의 난** : 루이 13세가 사망하자 어린 루이 14세가 즉위했다. 루이 13세 때 재상이었던 리슐리외는 국왕의 독재체제를 확립하기 위해 귀족들의 권력을 빼앗아 중앙집권화를 강화해갔다. 이 정책은 그대로 루이 14세 때 재상 마자랭으로 이어졌다. 그는 당시까지 지속됐던 독일의 30년 전쟁에 대한 간섭을 계속했고 라인 강 왼쪽연안 지역의 일부를 빼앗았다. 그러나 국내에서는 이러한 국가권력에 제한을 두려는 고등법원과 압박을 받은 대귀족이 손을 잡고 난을 일으켰다. 이것이 바로 프롱드의 난(1648~1653년)이다. 그러나 프랄란 공작 측의 활약으로 정부군은 이를 진압하고 국가통일을 이루었으며, 영국의 크롬웰과 연합해 스페인으로부터 피레네산맥 이동지역의 일부를 양도받았다.

세의 급사장의 지위를 얻었다. 이 지위는 현대의 레스토랑이나 연회장의 급사장과는 전혀 다른 것으로 당시 최고의 대귀족만이 차지할 수 있는 지위였으며 매우 영예로운 것이었다.

한편 이 소스는 베샤멜 공작이 발명한 것으로 되어 있는데 실은 그가 태어나기 전부터 존재했던 것은 확실하다. 그렇다면 어째서 이렇게 알려졌을까 하는 의문이 생길 텐데 아마 다른 예와 마찬가지로 그를 섬기던 요리사가 주인에게 경의를 표하기 위해 이런 이름을 붙였을 것이다. 그러나 현재와 같은 형태의 소스로 완성한 것은 그였던 것으로 보인다.

원래 소스라는 것은 생크림을 많이 넣은 벨루테 Velouté를 졸여서 만드는데 그 유명한 후세의 요리인 카렘의 조리법도 지금과는 상당히 달랐다.

원조 크렘 파티시에르 Crème Pâtissière

제과에는 다양한 크림을 사용한다. 그 가운데 하나가 크렘 피티시에르(커스터드 크림)이다. 제과인을 파티시에 Pâtissier라고 하기 때문에 이것은 '제과인이 만드는 크림'이라는 뜻이 되는데, 제과점의 가장 대표적인 크림이다. 어미 er이 ère로 변화하는 것은 앞에 붙는 크렘 Crème이 여성 명사이기 때문으로 뜻에는 변함이 없다. 그리고 이것이 언제 생겨났는지는 분명하지 않다.

여기서 앞에서 여러 번 언급한 프랑수아 피에르 드 라 발렌느가 쓴 『르 파티시에 프랑수아 Le Pâtissier François』를 살펴보자. 이 책에 따라 이와 같은 것을 재현하면서 매우 흥미로운 것을 발견했다. Cresme de Patissier 페이지이다. Cresme과 Pastissier는 프랑스어의 고어인데 이를 현대어로 바꾸면 크렘 파티시에르 Crème Pâtissière가 될 것이다. 그런데 이를 번역하여 제작해 보니 오늘날 우리들이 생각하는 것과는 조금 이질적인 것으로 밝혀졌다.

참고로 이 책에 나와 있는 당시의 배합과 만드는 법을 첨부한다.

128

(단위는 현대의 그램으로 바꾸었다)

우유 750g, 달걀 4개, 밀가루(채 친 것) 225g, 버터 22g, 소금 적당량
만드는 법
1. 볼에 밀가루와 달걀을 두 개 넣고 섞는다.
2. 데운 우유를 조금씩 넣는다.
3. 남은 달걀을 두 개 넣는다.
4. 남은 뜨거운 우유를 넣는다.
5. 약불에서 주걱으로 반죽한다.
6. 소금을 넣는다.
7. 조금 더 반죽한다.

이상에서와 같이 당분이 전혀 들어가지 않는다는 점이 커다란 특징이다. 감미가 전혀 없는 점으로 보아 과자보다는 처음에는 요리를 목적으로 한 것이었을 것으로 사료 된다. 옛날 파티시에 Pâtissier라는 말이 오늘날의 제과인이라는 뜻이 아니라 파테요리가 가리켰던 사실을 보더라도 이는 납득할 만하다.

그러나 만드는 순서를 보면 이는 현재의 커스터드 크림 그 자체이기 때문에 역시 그 원형이라 할 수 있다. 그러나 딱딱했던 점에서 커스터드 크림과는 거리가 멀고 많이 딱딱한 슈반죽의 형태를 띠고 있었다. 이것이 시간이 지나며 파테집이 제과점으로 바뀌어 가면서 설탕이 들어가고 우유의 양이 늘고 달걀을 다 넣었던 것을 달걀 노른자만 넣는 방식으로 바뀌어 오늘날에 이른 것으로 보인다.

슈반죽의 시작
슈반죽은 수많은 과자 반죽 중에서도 대분류 속에 들어가는 커다란 존재이다.

슈 아 라 크렘과 에클레르

그러나 이렇게 중요한 존재임에도 불구하고 그 발상지는 확실하지 않다. 그래서 이에 대해 조금 고찰해 보고자 한다. 통설에 의하면 처음부터 의도적으로 안에 공간이 생기는 독특한 반죽을 만들어 냈을 리는 없고 누군가 다른 과자를 만들다 실패하면서 생겨난 것이라고 한다. 그런데 정작 누가 언제 무엇을 만들다 슈반죽을 만들어냈는지에 대해서는 전혀 알려진 바가 없다.

결과에서 거슬러 올라가 화학적인 측면에서 원인을 찾아보자. 원료는 밀가루, 유지, 달걀, 물이다. 먼저 부푸는 원인은 따뜻하게 덥혀진 수증기에 의한 압력이다. 그렇기 때문에 그 압력을 이용해 잘 부풀리고 밖으로 흐르지 않도록 하는 것이 성공 포인트이다. 이를 위해서는 반죽의 충분한 탄력이 필요하며, 또 한 번 부풀면 부푼 상태를 유지해야 한다. 슈의 탄력은 밀가루를 가열했을 때 생기는 풀과 밀가루에 포함되어 있는 글루텐에 의해 생긴다. 그리고 여기에 더욱 탄력을 주는 유지와 그 유지를 잘 유화시키면서 부풀어 오른 슈를 딱딱하게 굳히는 달걀이 종합적으로 작용해서 생기는 것이다.

다시 말해 이상의 재료로 만든 반죽을 철판에 짠 다음 오븐에 넣으면 안쪽의 수증기가 부풀어 오른다. 이것을 탄력이 있는 밀가루와 유지로 만든 반죽이 받으면 터지지 않고 크게 팽창한다. 어느 정도 부풀어 오르면 반죽 속의 달걀이 구워지면서 굳기 때문에 쭈그러들지 않고 그 공간을 유지할 수 있는 것이다.

조금 더 자세히 살펴보면 밀가루 속 단백질은 가열하면 응고해 탄력을 잃기 때문에 슈의 겉이 부푼 것은 주로 전분 가루 때문이라는 것을 알 수 있다. 이 전분을 풀처럼 만들기 위해서는 충분히 가열할 필요가 있다. 가정에서 만들 때 아무리 해도 잘 안 될 때는 가열이 불충분한 경우가 적지 않다. 그리고 밀가루의 전분과 지방이 잘 섞이지 않으면 부분적으로 탄력에 차이가 생겨 슈의 표면이 터지는 경우가 있다. 이렇게 종합적인 화학작용은 처음부터 계산해서 할 수 있는 것이 아니다. 아주 우연이거나 또는 실패에 감사해야 한다.

이번에는 이를 역사적으로 고찰해 보자. 슈반죽은 루 Roux 상태의 무거운 반죽이다. 그리고 열을 가하면 부푼다는 점에서 베네 수플레 Beignet soufflé라는 튀긴 과자가 먼 선조에 해당한다. 오븐이 없던 시절 반죽에 열을 가하는 가장 손쉽고 확실한 방법은 열탕 또는 데운 기름에 넣는 것이었다. 슈도 아마 틀림없이 같은 길을 걸어왔을 것이다.

여기 흥미로운 사실이 있다. 양과자연구가로 유명한 구마사키 겐조 熊崎賢三씨가 조사한 바에 따르면 1581년 막스 룸폴트라는 사람이 쓴 책에 *크랍펜 Krapfen이라는 과자가 나온다. 슈를 연상시키는 부드러운 반죽과 같은 것으로 바닥에 구멍을 뚫고 그 안에 반죽을 넣은 다음 끓는 기름에 넣고 튀기는 방법이 나와 있다고 한다. 아직 오븐이 발달하지 않고 또 짤주머니가 없던 시대의 제조 방법이 잘 나와 있다. 아마도 이런 형태에서 슈과자가 발전해 왔을 것이다. 현재도 페드논 Pet de Nonne이나 베네 수플레 Beignet soufflé와 같은 튀긴 슈과자가 있는데, 이는 명백히 그 흐름을 받아들인 것이라 할 수 있다.

그러나 그 이전에 더 흥미로운 기술이 있었다. 프랑스과자연구가 이브 튜리 Yves Turies 에 따르면 포플린이라는 카트린 드 메디시스의 제과장이 '오븐으로 건조시

---

* 크라프헨의 기원이 되는 크랍펜이란 갈고리라는 뜻의 독일 고어로 Chrapho라는 말이 변한 것이다. 튀긴 과자이기 때문에 일종의 도넛 선조라고도 한다.

킨 파트' 즉 브뤼마세 만드는 법을 터득하고 있었다는 것이다. 이 방법은 반죽을 반쯤 구워 반으로 자른 다음 안의 내용물을 꺼내고 충전물을 채우는 것이라고 한다. 만일 그렇다면 현대의 슈에 매우 가까운 형태라 할 수 있다.

이상과 같이 슈과자 그 자체는 상당히 오래전부터 존재는 했었다. 그러나 명칭은 상당히 다양했다. '슈'라는 이름이 본격적으로 나타난 것은 17세기 이후부터이다. 참고로 『르 파티시에 프랑수아 Le Pâstissier François』라는 책에는 프플랑이라는 이름의 과자 만드는 법이 나오는데, 여기에는 조금 더 확실하게 슈라는 이름의 과자가 나온다. 그런데 이 이전에는 명확한 문헌이 적어 알아볼 방법이 없다. 어찌 되었든 17세기에는 거의 오늘날의 형태, 즉 루 상태의 반죽을 기름에 튀길 뿐 아니라 오븐에 넣어 굽는 방법을 썼다는 것을 알 수 있다. 이후 슈의 과자에 대한 공헌은 새삼 말할 것도 없다.

전쟁의 승패를 가른 비스킷

도버해협에 접해 있는 영국에 주목해 보자. 백년전쟁에서 프랑스에 패하면서 유럽 대륙에서 영토를 잃은 영국은 고립된 섬나라로서 독자적인 운명을 개척해야 됐다. 그러나 이는 오히려 국가적으로 결속력이 강해지고 더 발전할 수 있는 초석이

되었다. 백년전쟁에 이은 귀족전쟁이라고도 할 수 있는 장미전쟁(1455~1485년)에 의해 유력한 봉건귀족의 힘이 쇠퇴하는데 이 또한 국가의 결속력을 키우는 큰 요인이 되었다.

장미전쟁에서 승리한 영국의 헨리 7세(재위 1485~1509년)는 튜더왕조를 일으키고 영국의 절대주의 형성에 착수한다. 그 뒤를 이은 헨리 8세도 그 길을 계승했고 종교개혁을 통해 교황으로부터 이탈, 신교국

엘리자베스 1세

으로서의 국가형성에 힘썼다. 그러나 차기 왕인 에드워드 6세의 누나 메리가 즉위하자 복잡한 양상을 띠게 된다. 그녀는 경건한 구교도 신자였으며 당시 최대의 구교국인 스페인의 펠리프 2세(1556년 즉위)와 결혼했기 때문에 다시 영국 내에 구교가 부활해 신교와의 사이에 심한 알력이 생겼다.

1558년 메리의 뒤를 이어 엘리자베스 1세(재위 1558~1603년)가 즉위하자 영국은 다시 신교에 의한 독자노선을 걷기 시작했다. 여왕의 매우 적극적인 지원 하에 영국의 항해자나 상인들은 과감하게 스페인의 제해권에 도전했으며 식민지나 해상에 진출해 스페인선단을 공격하며 계속해서 무역의 활로를 확대해갔다. 이에 대해 스페인의 왕 펠리프 2세는 스코틀랜드 여왕 메리 스튜어트를 내세워 엘리자베스 1세에 대항했다. 그러나 엘리자베스 1세는 메리를 처형해 그 화근을 잘랐다.

스페인과 영국은 이 사건으로 말미암아 바로 정면으로 대치하는 상황이 되었다. 해상의 패권 싸움과 더불어 종교적 대치와 혈연 다툼이 가미된 일대결전이 된 것이다.

1588년 스페인 왕 펠리프 2세는 무적함대라는 뜻의 인빈시블 아마다 Invincible Armada라고 하는 사상 초유의 대함대를 편성하고 단번에 영국을 괴멸시키기 위해 영불해협으로 보냈다. 이 때 진용은 함선 130, 인원 3만명이었다고 한다. 그러나 * 드레이크장군이 이끄는 영국군의 용감하고 교묘한 전술에 부딪혀 허망하게 격파됐으며 잔존 함대도 북해에서 폭풍우를 만나 바닷속으로 사라지고 말았다.

당시나 지금이나 배에 실을 수 있는 짐에는 한계가 있다. 대함대를 편성한 스페인군도 예외는 아니어서 한정된 식량으로 단기 결전에 도전했던 것이다. 그러나 이에 맞서는 영국함대는 보존식으로 비스킷이 대량으로 준비되어 있어 병사들은 사

---

* 드레이크 Drake는 1508년 마젤란에 이어 세계 두 번째로 지구일주항해에 성공해 막대한 재화와 보물을 가지고 돌아가 여왕으로부터 나이트 칭호를 하사받았다.

기가 떨어지는 일 없이 충분히 전쟁에서 적에 맞서 싸울 수 있었다고 한다.

그런데 여기서 말하는 비스킷이란 그 발전과정을 설명하면서 기술한 바와 같이 현대 우리들이 상상하는 단과자 모양을 한 것이 아니었다. 최대한 수분을 없애 오래 보관할 수 있도록 배려한 딱딱한 건빵 같은 것이었다. 그리고 이후 더 발달해 영국 나름대로 다양하고 뛰어난 구움 과자를 만들어내는데 이를 보더라도 '비스킷은 영국' 역사의 일단을 보는 듯하다. 비스킷이 진정 전쟁의 승패를 가르는 데 큰 역할을 한 것이다. 아이러니컬하게도 식문화가 발달해 비스킷보다 고도의 기술을 필요로 하는 폭신한 느낌의 스펀지케이크를 만들어낸 나라가 시대에 뒤쳐진 식량밖에 없었던 나라에 패하고 만 것이다.

이때를 기점으로 스페인의 해상권은 영구히 몰락해 이후 다시 부상하지 못했다. 이렇게 세력의 중심은 옮겨갔고 이번에는 영국이 7개의 바다를 제패하게 된다.

마도로스의 지혜, 푸딩 Pudding

항해하는 배 안에서 처한 조건에 맞춰 다양한 과자와 요리가 개발됐다. 푸딩Pudding도 그 중 하나이다.

항해를 떠나는 배는 앞에서도 언급한 바와 같이 실을 수 있는 식량에 한계가 있었기 때문에 그렇게 많이 실을 수는 없었다. 그래서 요리사의 실력이 중요한데, 선내에서 셰프가 선장 다음으로 권위가 있다고 하는 것도 이 때문이다. 어느 날 배에 탄 셰프 하나가 고민 끝에 빵부스러기와 밀가루, 달걀 등 있는 재료를 섞어 간을 하고 냅킨으로 싼 다음 끈으로 묶어 두었다. 그들은 여기에 치즈 등을 뿌려서 먹었는데, 먹어보니 제법 괜찮았다. 이것이 푸딩의 시작으로 뱃사람들의 생활의 지혜에서 생겨난 것이다.

이렇게 쪄서 만드는 과자는 점차 일반 가정으로도 퍼져 나갔고 친숙한 우유와 달걀로 만든 커스터드푸딩을 비롯해 다양한 형태로 변화해갔다. 영국에서는 크리스마스에 크리스마스케이크 대신 플럼푸딩케이크를 즐긴다. 그리고 단 것뿐 아니라 요리에 첨가하는 소금맛 푸딩이나 나무 열매나 쌀을 넣은 푸딩까지 그 종류가 상당히 많다.

근세 후반 유럽의 정세

1603년 엘리자베스 1세의 사망과 함께 튜더왕조는 대가 끊겼으며 스코틀랜드 왕이 제임스 1세로 즉위하면서 스튜어트 왕조가 시작되었다. 그러나 왕권신수설에 반대하는 청교도들에 의해 이른바 청교도혁명을 경험하게 된다.

이러한 영국에 반해 독립한 지 얼마 되지 않았던 네덜란드가 인도항로 발견 후 포르투갈을 침략해 세계 무역의 주도권을 잡는다. 그들의 행동범위는 멀리 일본에 까지 미쳐 잘 알려진 바와 같이 난학(蘭學) 붐이 일 정도로 그 영향력은 컸다. 일본은 나가사키를 창구로 네덜란드와 포르투갈을 통해 과자를 비롯한 서구의 신문화를 접하게 됐다.

네덜란드의 대두를 탐탁지 않게 여기던 영국은 네덜란드와 전쟁(1652~1674년)을 벌이고, 이 전쟁에서 승리를 거둔다.

프랑스도 태양왕 루이 14세 하에 점점 힘을 키워 나가 당시 국제적인 역학관계에서는 영국의 최대 경쟁자가 되었다. 양국의 본격적인 제해권 및 식민지 쟁탈전은 스페인계승전쟁, 오스트리아계승전쟁, 7년전쟁 등 세 가지 대륙전쟁과 함께 해상 혹은 식민지에서 매번 세계적인 규모로 전개되어 갔다. 결국 1763년 영국이 우위인 상황에서 파리조약에 의해 휴전하고 대영제국이 확립되었다.

여기서 잠시 현대 유럽 형성기에 커다란 영향력을 가졌던 합스부르크 가(家)의 움직임에 대해 되돌아보자. 합스부르크가는 11세기에 독일제국 알자스영주로, 13세기에 오스트리아를 정복하고 독일 최대의 제후가 되었다. 그리고 15세기부터 1806년까지 사실상 독일 제위를 세습했다. 샤를 5세 때는 스페인왕국 및 그 해외

135

영토를 상속해 명실공히 유럽 최고의 가계가 되었다. 샤를 5세는 이후 스페인을 적자인 펠리프에게 물려주어 합스부르크가는 오스트리아와 스페인 양가로 나뉘게 되었고 17,8세기 무렵까지 유럽의 주도적인 지위를 차지했다.

그리고 이 합스부르크가의 지배를 받았던 오스트리아도 빈을 중심으로 화려한 궁정문화가 꽃피어 수준 높은 수많은 명과가 탄생했다. 뒤에서 설명할 친숙한 자허토르테 Sacher Torte도 그 중 하나이다.

VIII.
근대

근대는 18세기 이후 20세기까지의 기간으로 근대시민사회가 발전해가는 과정이다. 1789년 7월 14일 바스티유감옥에 대한 습격을 계기로 일어난 프랑스혁명, 영국에서 시작된 산업혁명으로 인해 전 유럽이 요동치기 시작했다.

영국에서는 국왕의 전제주의에 반대하여 끝까지 신앙을 지키고자 했던 순례시조(巡禮始祖)라고 불리는 102명의 청교도들이 메이플라워호(號)를 타고 처음으로 신대륙 아메리카에 상륙했다. 이 일행과 관련된 도넛에 관한 에피소드가 있다.

아메리카 건국과 도넛 Doughnut

예로부터 네덜란드에서는 페토쿳카와 올리케이크라고 부르는, 중앙에 호두를 얹은 원형의 튀김과자를 치즈나 버터와 함께 먹었다. 그런데 메이플라워호를 탄 신교도들은 영국을 출발하여 한동안 네덜란드에 체재했고 그동안 이 과자를 먹어본 후 제조방법을 습득했다고 한다.

언어적으로 살펴보면 도우 Dough(반죽)와 너츠 Nuts(호두)라고 하는 단어의 합성어로 보이며 그래서 더욱 네덜란드의 튀김과자를 가리키고 있는 것 같다. 그리고 후에 호두를 중앙에 올리지 않게 되었고 링모양으로 변했다고 하는 설이 가

도넛

장 자연스럽다고 할 수 있다. 도넛을 포함한 튀긴 과자들에 대해 살펴 보면 상당히 다양한 종류가 있다는 것을 알 수 있다. 크랍펜 Krapfen, 베네 Beignet 등도 그런 종류 중의 하나라고 할 수 있다.

도넛은 예전에는 유럽에서 크리스마스나 카니발 등의 축제 때 잘 만들어 먹었지만 지금은 시기에 구애받지 않고 일 년 내내 어디서나 맛볼 수 있는 패스트푸드와 같은 존재

가 되었다. 형태도 원형과 꽈배기 등 다양한데 중앙에 구멍이 나 있는 링모양이 가장 일반적이다. 이 스타일은 아메리카에서 시작된 것이라고 하는데 튀기는 시간을 절약할 수 있고 골고루 튀길 수 있다고 하는 장점이 있다. 너무나도 미국다운 합리적인 발상이다.

이것과 관련된 이야기가 있어 소개한다. 약 200년 전 아메리카 인디언이 어떤 부인이 만들고 있던 튀김과자의 반죽을 겨냥하여 화살을 쐈는데 부인이 놀라서 들고 있던 반죽을 끓고 있던 기름 속에 빠뜨리고 말았다. 그 반죽은 정확하게 한 가운데가 명중되어 구멍이 난 링모양이 되었는데 오히려 골고루 잘 튀겨져서 더할 나위 없이 맛있었다. 그 이후 일부러 그런 모양으로 만들게 되었다고 한다. 너무나도 그럴듯해서 생각하면 할수록 미심쩍은 부분이 있지만 재미있는 이야기이다.

신대륙 사람들은 본국과 전쟁을 치르고 1776년에 독립선언을 발표하여 민주적 공화제를 채용하는 아메리카합중국 건설에 성공한다. 그러나 200년이 지난 지금 과학기술은 물론이거니와 과자 제작의 원재료를 비롯해 세계의 농산물을 지배하는 나라로까지 성장하게 될 줄은 아무도 생각하지 못했다.

프랑스 왕실과 미식학의 발전

프랑스는 혁명 직전, 국가적으로는 피폐했지만 이와 반대로 이른바 왕실과 왕정문화는 극도로 무르익었고 요리에서 디저트에 이르는 가스트로노미(미식학)는 더욱 발전해 갔다.

14,5세기경 동유럽의 패권을 쥐고 있었던 폴란드국왕은 18세기에 들어 왕위계승전쟁을 일으켰고 이는 열강의 간섭을 부르게 된다. 이 나라의 왕이었던 스타니슬라스 렉친스키 Stanislas Leczinski(1677~1766년)는

스타니슬라스 렉친스키
(우드리 작, 바르샤바 왕립미술관)

폴란드에서 낭시로 옮겨갔고 이곳의 영주로 정착하게 된다. 그리고 이 스타니슬라스왕의 딸 마리 렉친스키 Marie Leczinski(1703~1768년)는 루이15세에게 시집을 간다. 사실 스타니슬라스왕은 그의 딸과 함께 역사에 남는 상당한 미식가였고 미식문화의 발전에 대한 공헌도는 타의 추종을 불허할 정도이다. 예를 들어 스타니슬라스 렉친스키는 바바 Baba라고 하는 과자를 고안해 냈고 머랭 Meringue도 그자신이 만들었다고 한다. 딸인 마리 렉친스키는 아버지의 요리사가 고안했다고 하는 마들렌 Madeleine(여러 설이 있지만)을 각별히 좋아했고 또 볼로방 Vol-au-vent 과 부셰 Bouchée, 쿠글로프 Kougloff 등에 집착했다고 전해지고 있다.

머랭 Meringue 의 발견

달걀 흰자를 저으면 하얗게 거품이 일기 시작한다. 여기에 설탕을 넣은 소재는 다양한 형태로 과자에 사용되는데 이것을 프랑스어로 므랭그 Meringue, 영어로는 같은 스펠링으로 머랭, 독일어로는 베제마세 Baisermasse, 샤움마세 Schaummasse, 또는 메링겐마세 Meringenmasse라고 부른다.

마음에 드는 모양깍지를 사용해 이것만을 짜내어 건조시켜도 매우 사랑스러운 과자가 되는데 반제품으로 다른 과자의 일부로 사용되거나 크림으로 사용하여 과자의 장식과 커버의 재료로도 쓰인다. 또 많은 기포를 머금고 있어서 가벼운 맛을 내기 때문에 무스 Mousse계통의 반죽으로도 사용되는, 그야말로 광범위한 용도로 사용이 가능한 편리한 소재 중 하나이다.

이 머랭이 처음으로 만들어진 것은 1720년경이라고 한다. 콜럼버스의 달걀은 아니지만 만드는 법을 알고 보면 그다지 대단한 것은 아니다. 그러나 옛날 사람들에게 부드럽게 부풀어 마치 흰 눈과 같은 상태를 유지하는 방법을 발견했을 때의 기쁨은 틀림없이 한층 더 컸을 것이다.

『라루스 요리백과사전 Larousse Gastronomique』에 따르면 발명한 사람은 스위스인 제빵사 가스파리니 Gasparini로 그는 메리니겐 Mehrinyghen이라고 하는 곳에 살고 있었다고 한다. 이 메리니겐이라는 단어가 변형되어 메링겐마세 Meringen-masse, 메링그Meiring, 므랭그 Meringue가 되었다고 한다. 그러나 이 메리니겐이라고 하는 장소가 불분명하고 현재 서독의 작센코부르크고타 공원 Saxe-Coburg-Gotha에 있었다고 하는 저자도 있고 아니면 스위스라고 하는 사람도 있다. 또 『Baker's Dictionary』라고 하는 책에서는 이렇게 소개하고 있다.

이탈리아 북서부에 마렝고 Marengo라는 마을이 있었다. 이 마을은 1800년 6월 14일, 나폴레옹이 오스트리아군에게 대승을 거둔 땅으로 유명하고 므랭그는 나폴레옹의 요리사가 이 승리를 축하하기 위해 창안한 과자라고 설명하고 있다. 어쨌든 므랭그의 어원은 마렝고에 있다고 한다.

이런 이야기를 접하게 되면 머랭의 발상지가 메이링겐인지 마렝고인지 헛갈리게 되지만 뒤에도 서술하듯이 이미 스타니슬라스왕과 루이왕가의 사람들이 즐겨 먹고 있었다고 하는 이야기도 있기 때문에 나폴레옹을 운운하는 것은 연대적으로 상당한 시차가 발생한다. 그래서 마렝고설(說)은 의심스러운 부분이 있다. 어찌되었든 달걀흰자를 저어서 공기를 섞게 되면 잘 부푼 눈과 같이 된다는 사실을 처음으로 발견한 사람에게는 경의를 표하지 않을 수 없다.

나폴레옹의 마렝고설에 반하는 내용을 하나 소개해 보겠다. 일설에 따르자면 프랑스에서 처음으로 머랭이 만들어 진 곳은 낭시로 이 토지의 영주였던 스타니슬라스 렉친스키의 식탁에 올랐었다고 한다. 이는 분명히 나폴레옹이 배출되기 이전이며 프랑스혁명 전의 이야기이다. 그의 딸이며 루이15세에게 시집을 간 마리 렉친스키와 루이16세의 왕비 마리 앙투아네트(Marie-Antoinette, 1755~1793년)도 매우 좋아했었다는 이야기가 전해져 온다. 특히 렉친스키왕은 마리 앙투아네트를 매우 귀여워해서 그녀에게 머랭 만드는 법을 가르쳐 주었는데 예상외로 매우 좋아했고 혼자서 트리아농궁전에 틀어박혀 머랭 만들기에 몰두하는 것을 즐겼다고 한다.

프티 트리아농 정원 내의 시골집 중 하나인 '왕비의 집'

　　트리아농 궁전이란 베르사이유 궁전 속에 지어진 별궁으로 특히 프티 트리아농
은 장자크 루소의 '자연으로 돌아가자'라는 제창에 영향을 받은 왕비가 명령을 내
려 정원 내에 만든 시골풍의 건물이다. 그녀는 여기에서 복장도 시골집 아낙의 옷
을 걸치고 전반적으로 궁전과는 동떨어진 생활을 추구하면서 휴식을 취했다고 한
다. 현란한 격식과 퇴폐, 숨이 막힐 것만 같은 궁정문화와 그 생활을 엿볼 수 있다.
이 고독과 허무함에 대하여 비록 잠시뿐일지라도 안식을 주었던 과자, 그것이 머랭
이었다. 그러나 당시에는 짤주머니가 아직 없었기 때문에 오늘날과 같이 다양한 형
태로 만들 수는 없었고 스푼으로 반죽을 떨어뜨려 만들었던 것 같다. 그리고 왕비
의 생명은 문자 그대로 아와유키(淡雪:초봄의 금방 녹아버리는 눈)와 같이 사라지
게 된다. 그 후에 모양깍지가 등장하게 되는데 이것의 사용으로 인해 과자는 훌륭
한 데커레이션 문화의 꽃피울 수 있게 된다.

바바 Baba와 사바랭 Savarin

바바란 이스트균의 작용을 이용하여 만드는 과자의 일종으로 그 형태가 와인 등의 병뚜껑으로 쓰이는 코르크 마개(부숑 Bouchon)와 비슷하여 바바 부숑 Baba Bouchon이라고도 불린다.

이 명칭에 대하여 『인터내셔널 컨펙셔너 The International Confectioner』(산요 (三洋)출판무역 역)와 『라루스 요리백과사전 Larousse Gastronomique』에서는 이 렇게 서술하고 있다. 이 과자를 고안한 사람에 대해 여러 가지 설이 있지만 지금은 폴란드의 왕 스타니슬라스 렉친스키의 전속 요리사였던 슈브리오 Chevriot라고 하는 설이 인정받고 있다.

식도락을 즐기던 왕의 전속 요리사였던 슈브리오가 오늘날과 비슷한 형태의 바바가 아니라 1609년부터 프랑스의 랑베르라는 마을에서 만들어 먹던 쿠글로프라고 하는 과자를 다른 방식으로 먹을 수 있도록 고안해 낸 것이라고 한다. 즉 럼주를 위에서 뿌린 후 프람베 (불을 붙여서 불꽃이 일게 하는 것)하는 방식이다. 이렇게 변형된 쿠글로프는 로렌 지역의 궁정에서 매우 인기였고 그곳에서는 항상 말라가산 와인을 소스로 곁들여 냈다.

스타니슬라스왕은 『천일야화』의 열렬한 독자였는데 자신이 가장 좋아하는 앙트르메에 이 이야기의 주인공인 알리바바의 이름을 붙였다. 그 후인 19세기 초에 스토레라고 하는 제과인이 폴란드 궁정이 옮겨 있던 뤼네빌이라는 곳에서 이것이 만들어 지고 있는 것을 보고 배웠다. 그리고 몽트뢰유거리에 가게를 열고 같은 이름의 과자를 만들어 이 가게의 명물로 만들었다. 후에 알리바바를 줄여 바바라고 부르게 되었다. 바바는 상당히 인기가 좋았다고 한다. 스토레는 바바를 미리 만들어 놓고 팔 시간이 되면 붓으로 시럽을 발라 내놓았는데 나중에는 붓으로 바르지 않고 그대로 시럽 속에 담그는 방식을 택하게 된다.

1840년 보르도에서 프리부르라고 불리는 같은 타입의 앙트르메가 만들어졌다.

브리야 사바랭   바바(위)와 사바랭(아래)

    같은 시기 파리의 제과인 줄리앙의 스승은 반죽에 건포도를 넣지 않은 다른 형태의 앙트르메를 만들고 담그는 시럽도 개량하여 브리야 사바랭 Brillat Savarin이라고 명명했다. 브리야 사바랭은 당시의 유명한 미식가로 『미각의 생리학』이라는 훌륭한 책을 저술하여 우리들에게 그 시대의 많은 지식을 남겨준 사람이다. 그런 그에게 경의를 표하기 위해 명명된 이 과자는 후에 줄여서 사바랭이라고 불리게 되었다. 지금까지의 내용을 바탕으로 바바와 사바랭 모두 하나의 과자를 모태로 하고 있고 그것을 변형시킨 것이라는 사실을 알 수 있다.

마들렌 madeleine

아름답고 부드러운 여운을 갖고 있는 과자, 마들렌. 그렇기 때문에 마들렌과 관

마들렌

련된 유래도 수없이 많고 과거의 긴 세월 동안 무수한 논쟁이 계속되었지만 아직도 진상은 분명하지 않다. 앞에서도 언급했던 『라루스 요리백과사전 Larousse Gastronomique』을 비롯해 여러 책에서 몇 가지 내용을 소개하고자 한다.

라캉이 저술한 『파티스리 메모』라고 번역된 『Mémorial de pâtisserie』에 의하면 마들렌은 아비스 Avice라고 하는 위대한 제과명인이 만들어낸 것이라고 한다. 그는 당시 정치가로 유명했던 탈레랑 공(1753~1838)의 집에서 일했다. 그는 *카트르 카르 Quatre quart용 반죽을 사용하여 젤리 틀로 작은 과자 만드는 법을 고안해 냈다. 이것은 일약 부셰 Boucher와 앙토넹 카렘 Antonin Carême 등 당시의 저명인사들의 칭송을 얻게 된다. 그는 이 과자에 마들렌이라고 하는 이름을 붙였다고 한다.

그러나 다른 책에 의하면 마들렌은 아비스가 고안해 낸 것이 아니라 먼 옛날부터 프랑스에서는 이미 잘 알려져 있었던 것이라고 기술하고 있다. 로렌지방 뫼즈의 코메르시 Commercy에서 이름을 알리기 시작했고 1703년경에는 베르사이유에서, 그 후에는 파리에서 유행했다고 한다.

처음에는 오랫동안 마들렌의 레시피가 비밀이었지만 매우 높은 가격에 코메르시에 있는 과자가게에 팔리게 되었다. 그들은 이 맛있는 과자를 자신들이 살고 있는 마을의 명물로 만들었다. 『인터내셔널 컨펙셔너 The International Confectioner』에서는 이 점에 대하여 발명자는 코메르시 마을의 요리사였던 마들렌 폴미어 Mad-

---

* **카트르 카르 Quatre quart** : 파리 사람들은 꺄트르 꺄르라고 발음한다. 이것은 4분의 1이 4개라고 하는 의미이다. 즉 달걀, 설탕, 밀가루, 버터가 각각 4분의 1씩 같은 양이 들어간 반죽을 구운 과자이다.

---

eleine Poulmier라는 사람으로 그는 이것을 크로슈 도르 오테루에 살고 있던 듀브지 브레이 Debouzie Bray가(家) 전해주었고 이 집안은 이 맛있는 과자의 판매에 전념하게 되었다고 전하고 있다. 두 설 모두 유행하기 시작한 곳은 코메르시라고 되어 있고 사실 지금도 여전히 마들렌은 코메르시의 명과로서 그 이름이 알려져 있다. 또 루이 15세의 장인인 폴란드 왕 스타니슬라스 렉친스키의 어떤 전속 여성 요리사가 고안해 냈다고 하는 설도 있다.

이 요리사가 주인을 위해 바바 Baba라고 하는 과자를 만들고 있었는데 이 과자에서 또 다른 과자를 생각해 내어 만들어 보았다. 왕은 오렌지와 감귤류의 일종인 베르가모트의 훌륭한 향기를 지닌 이 과자가 마음에 들었다. 그리고 그는 이 맛있는 과자를 베르사이유 궁전에 있는 자신의 딸 루이 15세의 왕비 마리 렉친스키에게도 보냈다. 그녀는 이 새로운 과자에 푹 빠졌고 이 때문에 가토 드 라 렌느 Gâteaux de la reine(여왕의 과자)라고 이름 붙였다. 그러나 이미 요리계에서는 부세 아 라 렌느 bouchée à la Reine(여왕의 부슈)라는 이름이 있었기 때문에 그녀는 고민했다. 그래서 그녀 아버지를 위해 일하고 있는 충실한 요리사의 명예를 기리며 요리사의 이름인 마들렌이라고 이름 붙였다고 한다.

또 다른 이야기는 매일 아침 이른 시간에 조용한 궁전의 정원에 갓 구운 따뜻한 과자를 팔러오는 아름다운 처녀가 있었는데 그녀의 이름이 마들렌이었다고 한다. 마을은 온통 이 아름다운 마들렌에 대한 이야기가 화제였는데 이는 사람들의 기쁨이었으며 즐거움이기도 했다고 전해져 내려오고 있다.

이렇게 다양한 이야기를 배경으로 이 과자는 근세, 근대를 거쳐 오늘날까지 이어져 오고 있다. 그리고 그 당시부터 이미 형태는 조개껍데기모양을 하고 있었다. 조개껍데기모양에 대해서는 예부터 생 자크 드 콩포스텔 Saint jaques de compostelle(Santiago de Compostela, 스페인의 대서양 연안에 있는 유서 깊은 성당)로 가는 순례자들이 가리비 껍데기를 휴대용 식기로 가지고 다니던 풍습이 있었는데 이를 이어받은 것이라고 한다. 에피소드라는 것은 여러 가지가 있어도 즐거운 것이고 베일에 가려져 있을수록 호기심을 자극하게 된다.

과자는 기호품이기 때문에 당연히 쇠퇴기를 맞이하게 된다. 한때 일본에서는 바움쿠헨이라고 하는 나무의 나이테모양을 한 과자가 크게 유행했었다. 한 시대를 풍미하여 너도 나도 할 것 없이 즐겼고 제과점도 이것 없이는 장사를 할 수 없을 정도였다. 어린이 간식에서 각종 선물용, 관혼상제 시의 손님 답례품에 이르기까지 전국 방방곡곡에서 큰 인기를 끌었다. 최근에는 그 열기가 상당히 식어서 가라앉은 것 같지만 한때 상당한 화제를 불러일으켰다. 그러나 왜 그렇게 한 종류의 과자가 폭발적인 인기를 끌었던 것일까. 이것은 일본인의 획일성 uniformity이라고 밖에 설명할 수 없다. 어떤 것이 좋다고 하면 너도 나도, 동종 업계의 다른 회사들도 기를 쓰고 진출해 무시무시한 경쟁이 전개된다. 그렇기 때문에 얼토당토않은 큰 실패를 맛보는 경우도 있다.

바움쿠헨의 유행이 지나고 난 뒤 마들렌이 유행을 했다. 아시는 분도 많을 것이라고 생각하는데 테두리가 국화꽃 형태로 굽이치는 것 같은 접시 모양 컵케이스에 반죽을 흘려 넣어 구워낸 것이다. 그런데 이것이 큰 실수였다.

전통적인 마들렌은 앞에서도 서술했듯이 조개껍데기 형태이고 반죽을 만드는 법이 비슷하기는 하지만 이것과는 다르다. 일본에서 마들렌이라는 이름으로 유행했던 이것은 물론 프랑스 전통 과자 중 하나인 것은 분명하지만 그 이름은 팡 드 제네즈 Pain de

팡 드 제네즈(파리, 포숑)

147

Gênes라고 하는 것이었다. 어디에서부터 어떻게 잘못 쓰이게 되었을까? 일단 유행을 타버린 이 상품은 다른 이름을 부여받은 채 눈 깜짝할 새에 퍼져 나갔고 정정하라는 목소리도 따라잡을 수 없었다.

메이지(明治)와 다이쇼(大正)시대의 문헌에서조차 거의 정확하게 조개껍데기 모양의 과자를 마들렌이라고 칭하고 있다. 그야말로 판매자측의 넘치는 의욕 때문에 실수를 하고 말았던 것이다.

예로부터 과자 하나하나에는 각각 부여된 명칭이 있기 때문에 정확한 인식을 바탕으로 장사를 해야만 한다. 참고로 팡 드 제네즈란 제네바의 빵이라는 의미이다. 제네즈란 이탈리아의 제노바를 의미한다. 스펀지의 명칭인 제누아즈도 이 땅에서 유래한 것이라는 내용은 앞에서도 설명한 바 있다. 그리고 이런 곳에서도 빵과 과자는 역사를 같이 하고 있다는 것을 엿볼 수 있다.

귀공녀의 불꽃, 볼로방 Vol-au-vent 과 부세 Bouchée

푀이타주 (통칭 파이반죽)는 구워내면 버터와 밀가루가 얇은 층을 만들어 부풀어 오른다. 이러한 성질을 이용하여 높게 구워 내고 중앙이 도려내진 것과 같은 형태의 용기를 만든다. 그리고 속에 베샤멜 소스 등으로 만든 요리 등을 넣어 내놓는 것이 볼로방 Vol-au-vent 이다. 직역하면 '바람에 흩날리다'라는 의미이다. 가벼운 푀이타주를 너무나도 잘 표현한 명칭이다.

이것을 고안해 낸 것도 스타니슬라스 렉친스키라고 하지만 사실은 이것도 역시 이 미식가인 왕의 전속 요리사가 만들어 낸 것일 것이다. 왕은 이 볼로방을 딸인 루이15세의 왕비 마리 렉친스키에게 보냈다. 여기에서 왕가와 귀부인, 귀공녀들의 불화와 갈등, 불꽃 튀기는 여자들의 전쟁을 엿볼 수 있다.

모든 시대의 어떤 권력자에게서도 볼 수 있는 모습이지만 루이 15세도 마찬가지로 많은 애첩을 두고 있었다. 그 중에서도 가장 유명한 퐁파두르 부인은 그 미모와

마리 렉친스키
(나티에 작, 베르사이유)

루이 15세 (리고 작, 베르사이유)

재능 때문에 특히 왕의 총애를 얻고 있었다고 한다. 그녀도 왕의 사랑에 보답하며
잘 지냈고 또 왕의 마음을 사로잡기 위해 수많은 요리를 직접 했다(이것도 실제로
는 요리사가 만든 것이겠지만). 지금도 여전히 그 요리사의 이름으로 불리고 있는
요리를 보면 그 증거라고 할 수 있다. 그러나 이러한 궁정의 화려함과는 반대로 점
차 더 빠르게 국력은 피폐해져 가기만 했다.

그건 그렇고 정부인인 마리 렉친스키는 가장 사랑받았던 이 애첩에 대해 무서
운 질투의 불꽃을 불태웠다. 부인으로서 남편인 왕을 조금이라도 오랫동안 자신
의 곁에 묶어두기 위해 요리 하나에도 여러 가지로 분위기를 자아내어 대항했다.
이러한 갈등을 알고 있던 친정 아버지 스타니슬라스왕은 딸에 대하여 가능한 한
많은 지원을 해준다. 여기서 거론하고 있는 쾨이타주 요리인 볼로방도 그 중의 하
나라고 할 수 있다.

요리와 과자가 발전할 수 있었던 요인은 여러 가지가 있지만 이러한 귀부인들의 치열하고 강렬한 애증과 얽혀서 발전한 면도 있다는 것을 우리는 알아야 한다. 치열한 경쟁사회가 레벨상승의 당연한 필수조건이기도 한 것이다.

마리 렉친스키는 아버지에게 배운 볼로방을 상당히 좋아해서 홀로 하는 즐겁지 않은 식사 때에도 이 요리를 만들게 했다. 그러나 얼마 후 아무래도 먹기 불편하다고 생각했는지 1인용으로 작은 볼로방을 만들라고 요리사에게 명했다. 이렇게 해서 탄생한 작은 볼로방, 이것이 부세 bouchée 이다. 부세란 '한 입'을 의미한다. 그리고 여기에 산해진미를 첨가한 소스인 베샤멜을 채운 것을 부세 아 라 렌느 Bouchée à la Reine(여왕의 부세)라고 하며 이것은 오늘날의 프랑스요리에도 이어지고 있다. 현재 부셰는 요리용 이외에도 각종 크림과 과일을 채워서 과자의 용도로도 많이 이용되고 있다.

독일의 패권

독일제국 내에서 합스부르크가(家)의 세력이 후퇴하고 이와 함께 대대로 제위(帝位)에 올랐던 오스트리아의 힘이 약해졌다. 그리고 보헤미아지방의 신교도반란이라고 하는 종교적인 내란으로 인해 30년 전쟁이 일어나게 되었고 이로 인해 주변 국가들의 간섭을 받게 되면서 독일은 완전한 분열상태에 빠지게 되었다. 이런 가운데 독일제국의 동방발전(東方發展)의 제1선을 이루는 요지인 브란덴부르크지방을 손에 넣은 호엔촐레른가는 나라의 세를 점점 확장시켜서 당시 폴란드 왕권 하에 있던 독일의 식민지 프로이센에 대한 완전한 주권을 손에 넣게 된다. 그리고 프리드리히 3세 때 스페인계승전쟁에 참가하고 처음으로 프로이센 왕의 칭호를 부여받아 북독일을 접수하기에 이른다. 그리하여 남쪽 지방에서 오스트리아에 이은 제2의 대국으로 약진한다.

독일의 패권을 둘러싸고 이 두 절대주의국가는 오스트리아의 왕위계승전쟁과

7년전쟁을 일으킨다. 이 왕위계승전쟁을 거치고 독일 황제(오스트리아왕) 카를 6세의 장녀 마리아 테레지아는 1748년에 오스트리아의 제위를 확보한다. 그런 상황 속에서 여제 마리아 테레지아의 딸 마리 앙투아네트는 프랑스왕 루이 16세에게 시집을 간다.

마리 앙투아네트(비제 르브룅 작, 베르사이유)

이탈리아의 메디치가(家)나 스페인 왕가의 귀공녀들과 마찬가지로 마리 앙투아네트도 자신이 태어나 자란 문화와 함께 프랑스로 시집을 가서 프랑스에 그러한 문화를 융합시켰다. 그녀가 새로운 땅에서의 생활에서 망향의 그리움에 사무쳤는지 아니었는지는 모르겠지만 자국에서 프랑스로 전해진 크루아상 Croissant과 쿠글로프 Kougloff에 매우 집착했다고 한다. 또 조부인 낭시의 영주 스타니슬라스 렉친스키는 이 마리 앙투아네트를 매우 귀여워해서 그녀에게 머랭 만드는 법을 전수했다고 하는 내용은 앞에서 소개한 그대로이다.

다국적 과자 쿠글로프 Kougloff

바바와 사바랭 탄생의 원조라고 하는 과자 쿠글로프. 지금은 보통 알자스의 명과로 더 잘 알려져 있지만 그 근원을 찾아가면 폴란드와 오스트리아에서 예부터 전해져 온 과자 중의 하나로 후에 로렌과 알자스를 거쳐 프랑스에 들어오게 된 것이다.

어원은 독일어인 쿠겔 Kugel(공), 또는 구겔 Gugel(승려들이 쓰는 모자의 일종)이라고 한다. 프랑스에서는 일반적으로 Kougloff 또는 Kouglof라고 쓰는데 프랑

쿠글로프

스어에는 원래 K로 시작하는 단어가 없기 때문에 여기에서 게르만계 또는 동유럽계의 과자라는 사실을 알 수 있다. 독일어 이름은 쿠겔호프가 되고 스펠링도 Kougelhof가 된다. H발음을 하지 않는 프랑스어식으로 읽고 그에 맞추어 스펠링을 바꾼 것이다. 지금은 어느 쪽 표기를 써도 상관없다.

그 외에 Kugelhopf, Gougelhof, Gugelhopf 등 정말 많은 표기가 존재하고 있어서 여기서도 이 과자가 얼마나 널리 각지에 뿌리내리고 사람들이 즐겨왔는지를 엿볼 수 있다.

어떤 책에 의하면 이 과자는 앞에서도 서술했듯이 루이 16세의 왕비 마리 앙투아네트 Marie Antoinette(1755~1793년)가 매우 좋아했고 그것이 원인이 되어 크게 유행했다고 하는데 이것을 파리에 보급시킨 것은 당시에 과자가게를 열고 있던 천재 제과인 앙토넹 카렘 Antonin Carême이었다. 이 책에 의하면 앙토넹 카렘은 당시 오스트리아 대사관의 슈바르젠베르크 대공(大公) 밑에서 요리장으로 근무하고 있던 우제누 Ougene에게 만드는 비법을 배웠다고 한다. 또 다른 책에서는 파리에서 최초로 쿠글로프를 만든 것은 조르주라고 하는 사람이 경영하는 가게였다고 소개하고 있다. 그 가게는 1840년 코크 거리에 있었다고 하는데 루브르백화점을 확장할 때 헐려서 지금은 남아있지 않다.

현재의 쿠글로프는 이스트균을 발효시켜 만들지만 18세기 중엽 이전에는 오스트리아와 폴란드에서 사용해 오던 맥주효모를 사용해 만들었던 것 같다.

크루아상 Croissant의 궤적

초승달 모양을 한 크루아상Croissant은 브리오슈 등과 함께 카페오레와 같이 먹는 프랑스 조식에 빠지지 않는 메뉴이다. 그렇지만 이것은 본서에서도 앞에서 서술했듯이 프랑스에서 탄생한 것이 아니라 중동과 극동이라는 설도 있고 헝가리의 부다페스트에서 만들어졌다고도 한다. 파리에 전해진 것은 1683년경으로 오스트리아를 거쳐 프랑스로 유입된 것으로 보인다.

루이 16세의 왕비 마리 앙투아네트는 오스트리아의 왕실 합스부르크가 출신이어서 이러한 인연으로 프랑스에 유입되었다고도 하지만 그렇게 되면 18세기 후반이 되기 때문에 연대적으로 시차가 발생하게 된다. 아마도 그 이전에 프랑스에 들어와 있었을 것이다. 그리고 왕비가 시집을 오면서 이것을 계기로 그녀가 매우 좋아해서 서서히 퍼져나갔다고 보는 편이 좋을 것이다. 그 후 1800년대 말기 파리에서 열린 박람회를 위해 프랑스로 건너온 빈의 제빵사에 의해 본격적으로 제법이 확산되었다.

조금 시기를 거슬러 올라가지만 이 크루아상과 관련하여 이런 이야기가 있다.

1636년 오스트리아 빈은 터키군에 의해 완전히 포위되었다. 한편 빵집에서는 아침장사를 해야 하므로 사람들이 일어나 나오는 시간에는 갓 구운 상품들을 진열해 놓아야만 했다. 어느 이른 아침 다른 날과 마찬가지로 빵집의 제빵사가 창고에 빵 재료를 가지러 밖으로 나갔는데 총공격을 개시할 준비가 다 되어 침입 직전이라는 이야기를 벽 너머로 들었다. 깜짝 놀란 그는 서둘러 아군에게 이 사실을 알려주었고 싸울 태세를 갖추고 난 뒤 적과 싸웠기 때문에 터키군을 격퇴할 수 있었다.

이러한 공으로 빈의 제빵사는 표창을 받았고 사벨을 차고 걸을 수 있는 특권과 오스트리아 왕실인 합스부르크가(家)의 훈장을 빵집의 심벌마크로 사용할 수 있는 권리 등의 특전을 부여받았다. 이에 대한 보답으로 빈의 제빵사는 터키군의 반달깃발 모양과 비슷한 초승달과 별 모양을 한 빵을 만들어 황실에 헌상했고 이것을 팔기도 했는데 큰 인기를 모았다고 한다.

바움쿠헨 Baumkuchen의 완성

독일의 명과 바움쿠헨. 이 과자가 독일에서 지금과 같이 나무의 나이테 모양으로 완성된 것도 이때 쯤, 즉 지금으로부터 대략 200년 정도 전이라고 한다.

바움쿠헨은 회전봉에 액체상태의 반죽을 부어 묻혀서 직화로 빙글빙글 돌리면서 구워나간다. 표면이 구워지면 다시 그 위에 반죽을 붓고 또 굽는다. 이것을 몇 번이나 반복하면 점차 두툼해지고 자르면 단면이 나이테와 같은 과자가 완성되게 된다. 이 소성법(燒成法)의 기원을 찾아보면 상당히 오래전으로 거슬러 올라간다.

인류가 불의 사용법을 알게 되었을 때부터 아마도 무언가를 꼬챙이 등에 꽂아 돌려가며 불에 굽는 행위를 했을 것이라는 것은 상상할 수 있다. 또 이 정도로 고대까지 거슬러 올라가지는 않지만 조리법으로 확립된 것 중에서 찾아보아도 고대 그리스시대까지 찾아볼 수 있다. 이 시기에는 단순히 음식물을 굽는 것에서 더 나아가 가공한 것, 즉 일종의 빵 반죽을 봉에 감아서 불에 쬐어 구웠다고 한다. 이것이야말로 바움쿠헨의 근원이라고 할 수 있을지도 모른다. 특히 독일과자에 조예가 깊은 과자 연구가 구마사키 겐조 熊崎賢三씨도 이에 대해서는 각종 서적에서 상세히 서술하고 있다.

시대가 많이 지나고 15세기 중반이 되면 슈피스쿠헨 Spiesskuchen 이라고 하는 과자가 등장한다. 이것

바움쿠헨

도 어떤 문헌에 의하면 회전봉을 이용하여 굽는 과자라고 한다. 그러나 지금과 같은 형태의 바움쿠헨과는 달랐던 것 같고 반죽을 묻혀서 굽는 방식이 아니라 끈모양의 반죽을 회전봉에 감아서 구웠던 것 같다.

16세기경이 되면 반죽을 평평하게 펴서 회전봉에 감게 되는데 이때까지만 해도 지금과 같은 형태와는 거리가 먼 것이었다. 17세기 말이 되면서 드디어 흐르는 상태의 이른바 슈와 같은 루 상태의 반죽을 회전봉 주변에 부어서 굽는 형태가 나타나기 시작했다. 슈피스쿠헨 Spiesskuchen이나 프뤼겔 Prugel 이라고 불리는 것이다. 그렇지만 이것만으로는 잘라도 확실하게 나이테 형태가 나타나는 상태는 아니었을 것으로 보이는데 그래도 상당히 지금의 형태에 가까워졌다고는 할 수 있다. 이렇게 서서히 가공해 나감에 따라 형태가 변했고 드디어 18세기가 되면 우리가 머릿속에 그리는 바움쿠헨의 모양이 완성되게 된다. 설탕을 비롯해 달걀, 밀가루, 버터 등 바움쿠헨을 포함하여 현재 일반적으로 사용되고 있는 과자의 재료를 어느 정도 풍부하게 손에 넣을 수 있게 된 시기와 일치한다.

역시 재료가 있어야 과자도 만들 수 있는 것이다. 예를 들어 달걀 거품을 낸다고 해도 설탕을 사용할 수 없으면 반죽은 폭신한 형태와 촉촉한 감촉을 유지할 수 없다. 자유롭게 사용할 수 있을 정도로 재료들이 공급되어야 과자 제작기술은 여유를 가지고 진보해 나갈 수 있는 것이다. 요즘은 다양한 배합을 통하여 각 지방의 명과 바움쿠헨을 만들어 내고 있다.

천재 제과인 앙토넹 카렘의 등장

그럼 지금부터 앞에서도 몇 번 이름이 거론되었던 위대한 요리사, 천재 제과인이라고 불렸던 앙토넹 카렘(1748~1833년)에 대해 서술하고자 한다.

앙토넹 카렘

155

정식으로는 마리 앙투안 카렘 Marie Antoine Carême 보통은 앙토넹 카렘 Antonin Carême이라고 한다. 프랑스 혁명 직전은 그야말로 문화가 무르익은 시기라고 할 수 있다.

극도로 사치스러운 식탁도 정점에 다다른 느낌이었다. 엄청난 노력과 귀중한 재료를 아낌없이 써서 무수한 요리와 과자가 골고루 차려졌고 이것을 음미했던 시대였다. 현재의 요리와 과자도 거의 대부분이 이 시대에 완성되었다고 해도 과언이 아니다. 그러나 여기에는 정확한 전파수단이 필요하다. 다양하고 무차별적으로 등장한 이 음식들을 정확하게, 게다가 계통을 정리하여 전해준 것이 지금부터 등장하는 카렘인 것이다.

때때로 많은 입신출세형 인물들이 그렇듯이 그도 마찬가지로 그 출생에 대해서는 불분명한 점이 많고 신비의 베일에 싸여 있어 이것이 더욱 더 매력을 자아내고 있다. 전하는 바에 의하면 가난 속에서 입신양명했다고 한다. 성실하고 남보다 더욱 열심이었던 그는 요리와 과자 기술을 어느 정도 배우고 난 뒤 1798년 파리에 있는 바일리 Bailly 라고 하는 당시 최고의 과자점에서 일할 수 있게 된다. 그 과자점 주인의 이해와 원조가 있었기 때문에 그는 도서관에 다니며 미술에 관한 많은 디자인을 베끼고 배운다.

이것을 바탕으로 후에 카렘 생애의 집대성이라고 할 수 있는 『19세기의 프랑스 예술요리 L'Art de la cuisine au XIX siècle』라고 하는 대작을 출판했다. 그리고 그 외에 『제과도감 Le Pâtissier Pittoresques』과 『파리의 왕실 제과사 Pâtissier Royal Parisien』, 『파리의 요리사 Le Cuisinier Parisien』, 『감미로운 앙트르메 개론 Traitèdes entremets de douceur』, 『프랑스 급사장 Le maitre d'Hotel Français』등 다수의 저서를 남겼다.

앞에서도 서술했듯이 가난함을 이기고 성공을 이룩한 탓인지 그의 기술에는 필요 이상으로 완곡하게 돌려 말하는 표현과 허풍으로 보이는 표현이 많다. 이것은 자신의 내력에서 오는 콤플렉스에 대한 역설적인 표현일 것으로 보이는데 그가 남긴 업적의 위대함을 생각하면 이런 것은 너무나도 작은 문제이고 야유받을 만한 것이 아니다.

그의 궤적을 짚어 보면 카렘이 살았던 시대는 프랑스에서도 전에 없던 격변의 시대였다. 프랑스혁명은 프랑스에 그치지 않고 세계사에 있어서도 일대사건이라고 할 수 있다. 앙시앵 레짐(구 체제)에 종지부를 찍게 했고 또 이것을 계기로 세계적인 규모로 물자·정신·체제와 함께 사회 전체가 근대화로의 발걸음에 속도를 올리기 시작했다. 이로 인해 프랑스는 제1공화제가 선포되었지만 그래도 한동안은 여전히 몇 가지 파란이 있었고 암흑시대가 이어진다. 이러한 혼란 속에서 나폴레옹 보나파르트 Napoléon Bonaparte가 등장했고 그가 프랑스를 통일시켜 제1제정시대가 된다(1804~1814). 그러나 이 1800년대는 계속해서 현기증이 날 정도로 정치체제의 변화를 경험해야만 했다. 나폴레옹의 몰락과 함께 다시 부르봉왕조의 루이 18세가 즉위하고 왕정복고(1815~1830)가 되지만 이도 오래가지는 못하고 7월혁명으로 인해 시민들은 자유주의자로 유명했던 오를레앙공(公) 루이 필리프 Louis Philippe를 '프랑스 국민의 왕'으로 옹립(1830년 즉위)했다.

카렘과 현대과자

카렘은 혁명 전에 태어나 1833년에 세상을 떠나므로 그야말로 프랑스 격변의 시기를 살았다. 다시 생각해 보면 구(舊)체제 하에서 모든 테크닉이 꽃을 피웠던 시기부터 그 붕괴, 부흥까지를 경험할 수 있었기 때문에 적어도 그에게는 행운이었다고 할 수 있을 지 모른다.

그는 다양한 과자와 요리를 발전, 개량시켰고 이와 함께 그 때까지 다양한 형태로 전수되어왔던 제과 요리법을 훌륭하게 정리·통합시켜 현대에 전해 주었다. 과자와 건축의 밀접한 관계를 주장했던 그는 감탄할 정도로 많은 피에스 몽테 Pièce

Montée(높이 쌓아올린 대형과자)를 세상에 남겼다. 또 각종 앙트르메류, 러시아 황제로 인해 만들게 되었다는 샤를로트 Charlotte 등 역사에 남는 그의 작품은 일일이 다 열거할 수 없을 정도다. 그의 튀는 행동과 허풍스런 표현 등은 그때까지의 요리사와는 다른 타입이었기 때문에 당연히 일부에서는 통렬한 비판도 했지만 그가 남긴 공적의 위대함은 한 치의 흔들림도 보이지 않는다.

그의 저서를 보면 놀라운 것이 한둘이 아니지만 표현 등은 차치하고 특히 과자에 관한 메뉴구성도 놀라운 것 중 하나이다. 앞에서 서술했던 샤를로트를 비롯해 즐레 Gelée, 바바루아 Bavarois, 블랑망제 Blanc-Manger, 푸딩 Pouding, 무스 Mousse, 수플레 Soufflé 등 실로 풍부한 디저트 앙트르메 종류들이 나온다. 이것이 바로 현대를 풍미하고 있는 누벨 파티스리 Nouvelle Patisserie(새로운 과자, 후술)인 것이다.

현대 문명권에 살고 있는 사람들은 몸은 별로 사용하지 않는데 물자는 풍부하여 상당한 포만상태에 있다. 그래서 '더 가볍고 혀에 닿는 감촉이 좋고 위에 부담을 주지 않는' 음식이 요구되고 있다. 다시 되돌아가서 카렘의 시대. 그가 상대했던 계층은 바로 상류계급 사람들이었고 이들은 당연히 자기의 몸을 쓰는 일은 적고 맛있는 것은 양적으로 포식하고 있었다. 이런 사람들에게서 방금 열거했던 소프트한 앙트르메류는 그야말로 딱 맞는 디저트였다. 생각해 보면 현대의 우리들은 시대만 다를 뿐 특히 식(食)과 관련해서는 옛날 귀족계급의 생활을 하고 있는 것이 된다.

카렘의 걸작 샤를로트 Charlotte

샤를로트란 '리본을 감은 본네트 풍의 부인모자'를 의미한다. 아마도 그 형태가 이 모자와 같이 화려해서 붙여진 이름일 것이다. 샤를로트라고 하는 과자는 본래 차갑게 먹는 것과 따뜻하게 먹는 것 두 종류가 있는데 지금 유행하고 있는 것은 샤를로트 뤼스 Charlotte Russe(러시아풍의 샤를로트)라고 불리는 차가운 쪽이다.

따뜻한 것은 샤를로트 드 프뤼이 Charlotte de Fruits, 또는 주로 사과를 쓴다고 해서 샤를로트 드 폼므 Charlotte de Pomme라고 부른다. 이 샤를로트 드 폼므는 샤를로트 뤼스보다도 전에 만들어진 것이며 또 앙토넹 카렘 Antonin Carême(1784~1833년)이 고안해 낸 것이라고 한다.

샤를로트 뤼스 Charlotte Russe에 관해서는 카렘이 러시아 황제에게 초대를 받아 만들었기 때문에 '러시아풍의'라는 말이 붙었다고 한다. 그러나 잘 조사해 보면 그가 러시아까지 갔던 것은 사실이지만 거기에서 일을 하지는 않았던 것 같다. 이에 대해서는 쓰지 시즈오(辻 靜雄) 저『프랑스 요리를 구축한 사람들』에도 자세히 설명되어 있다.

나폴레옹의 패배 후 1814년 연합군이 파리에 입성했고 러시아 황제가 거처를 결정한 후 카렘은 그곳의 요리장에 임명되었다. 또 다음 해인 1815년에 연합군의 열병에 즈음해 대연회의 요리장을 명받았다. 그런데 그는 적군의 용기를 고무시키는 행위 등은 조국 프랑스에 대한 모독행위이며 부끄러운 일이라고 거세게 저항했다고 한다. 그러나 당시의 상황 속에서 한사람의 요리사의 의지 따위가 통할 리 없었고 실력발휘를 할 수 밖에 없었다. 어떤 상황 속에 있다고 하더라도 대충대충 할 수는 없는 것이 장인의 본성이다. 생각과 반하는 것이라도 자존심을 가지고 임무를 수행했을 것이라고 생각한다. 또 1818년 엑스라샤펠에서 회의가 열렸을 때 다시 러시아황제의 요리장으로 지명되었는데 아마도 샤를로트라고 하는 과자는 이러한 러시아 황제와의 관계 속에서 만들어진 것이라고 추정된다.

샤를로트 뤼스

『파리의 왕실 제과사 Le Pâtissier Royal Parisien』 *(저자 소장)*

카렘의 저서*(좌)*를 바탕으로 저자가 복원한*(우)*「샤를로트 아 라 파리지엔」

샤를로트와의 관련성은 어쨌든 간에 러시아 황제와 관련된 대목에 관해서 다른 책에서는 전혀 다른 형태로 전하고 있다. 예를 들어 『미식 수첩 美食の手帖』(大木 吉甫)에서는 「앙토넹 카렘 회상록」 부분에서 카렘은 러시아황제의 전속 요리장직

을 군이 싫어했던 것은 아니고 오히려 영광스러운 것으로 받아들이고 있었던 것처럼 전하고 있다. 실제로는 어느 쪽이었는지 후세의 우리들은 알 방법이 없다. 그런데 카렘의 저서에 종종 '샤를로트 아 라 파리지엔 Charlotte à la parisienne'이 나온다. 이것은 앞에서도 서술했던 샤를로트 뤼스에 대하여 자신이 부여한 명칭이라고 그 자신이 서술하고 있다. 그의 저서 『파리의 왕실 제과사 Le Pâtissier Royal Parisien』 속에서 "내가 파리에서 가게를 운영하고 있을 때 고안해 낸 것으로 처음에 만든 것은 경찰장관과 외무대신의 집에 보냈다"라고 말하고 있다. 이 과자를 카렘의 또 다른 저술 『파리의 요리사 Le Cuisinier Parisien』라고 하는 책을 통해 복원해 본 결과는 다음과 같다.

배합, 재료 선정에 약간 불분명한 점이 있긴 하지만 완성된 것은 상당히 우아한 모습이었다. 그 시대로 보면 매우 훌륭하고 선진적인 과자였고 상당한 평가를 받았을 것이라는 것을 충분히 상상할 수 있다. 또 디자인적으로 카렘의 감각을 잘 보여주는 작품이다.

단, 젤라틴의 양은 현재의 표준보다 약 2배 정도 혼입되어 있어서 상당히 반짝반짝 거린다. 덧붙여 말하자면 지금은 수분에 대해 약 3%를 혼입하는 것이 보편적이다. 현대의 취향으로는 대체로 이 정도가 가장 입에 닿는 감촉이 좋고 입 안에서 녹는 느낌도 좋다고 한다. 그렇지만 강도의 정도는 취향에 따라 다르기 때문에 확실히 말하기 어렵지만 아마도 냉각·냉장 시설이 현재처럼 잘 갖추어져 있지 않았다는 점을 생각해 볼 필요가 있다. 즉 보형이라는 관점에서 현대의 것보다 훨씬 단단하게 만들 필요가 있었을 것이다.

또 단맛의 정도는 현재의 약 3배이다. 당시로서는 당연히 이 정도의 단맛이 요구되었을 것이고 현재 우리들이 원하는 단맛의 감각과 비교해서는 안된다. 우선 설탕이 많이 공급되기 시작했다고는 해도 당시만 해도 변함없이 귀중품이었고 굳이 말하자면 달면 달수록 사치스러움을 향유할 수 있는 시대였다. 더구나 상류계급 사람들을 대상으로 만든 이러한 과자는 지나치게 달면 달수록 좋은 것이었다.

당시의 최첨단 과자가 현대에 다시 리뉴얼되어 파리 사람들의 마음을 사로잡고 있다는 것을 생각하면 왠지 즐거운 느낌이 든다. 어느 새인가 잊혀진 것 같았던 것이 실제로는 은근히 사람들의 마음속에 계속 살아있었고 어떤 순간에 또 다시 그 불꽃이 타오르기 시작했다. 카렘을 비롯한 위대한 요리사들은 분명 천국에서 미소짓고 있을 것이다.

바바루아 Bavarois

반죽 자체는 결코 가볍지 않고 오히려 무거운 부류에 들어가지만 상당히 혀에 닿는 감촉이 좋은 과자이다. 가볍게 거품을 낸 생크림과 달걀노른자, 설탕을 섞어서 젤라틴으로 굳힌 찬 앙트르메로 다양한 과일, 취향에 따라 맞는 리큐르를 넣어 다양하게 변형시킬 수 있다.

옛날에는 이것을 프로마주 바바루아 Fromage Bavarois라고 불렀다. 프로마주란 치즈의 프랑스어인데 그렇다고 해서 치즈가 들어간 과자는 아니다. 유동성 있는 반죽이 굳은 상태가 마치 치즈와 같은 상태였기 때문에 이렇게 불리게 되었을 것이다. 카렘도 그의 저서 『감미로운 앙트르메 개론 Traitédes entremets de douceur』속에서 이렇게 부르고 있다. 그 기원은 바바루아라는 이름이 나타내듯이 바비에르지방 Baviere(독일 바이에른 지방)에 있다고 하는데 이것도 분명하게 단정지을 수 있는 것은 아닌 것 같다. 『라루스 요리백과사전 Larousse Gastronomique』에서는 바비에르지방에 있는 귀족의 집에서 실력을 발휘하고 있던 프랑스인 요리사에 의해 만들어져 명명된 것이라고 한다.

그러나 옛날에 만들어졌던 것은 지금과는 상당히 다른 방법이었고 젤라틴으로 반죽을 연결시키고는 있었지만 달걀노른자는 사용하지 않았다. 카렘 시대의 것을 그의 저서에 나오는 내용에 따라 만들면 당시의 상황을 여러 가지로 짐작할 수 있다. 예를 들어 이 바바루아도 샤를로트와 마찬가지로 단맛이 상당히 강하다. 설탕의 양이 지금의 약 3배 정도 혼입되어 있었다. 전 세계적으로 설탕을 줄이려는 경향이 있는 요즘과 비교하면 격세지감을 느낄 수밖에 없다. 역시나 귀중품이었던 설탕을 풍부하게 사용한 사치품이었다는 것을 알 수 있다. 당시만 해도 설탕물은 호화로운 음식이었다는 점을 생각해 보면 납득할 수 있을 것이다.

또 이 이름의 어미에 e를 붙인 바바루아즈 Bavaroise라는 것이 있는데『라루스 요리백과사전 Larousse Gastronomique』에서는 이것과 혼동하지 않도록 주의를 당부하고 있다. 바바루아는 어디까지나 차게 해서 굳힌 과자이고 바바루아즈는 음료의 일종으로 구별되고 있다. 이 책에 의하면 바바루아즈는 마찬가지로 바비에르지방에서 시작된 것으로 요리 역사가에 의하면 17세기경에 나타났다고 한다. 홍차, 시럽, 우유 등을 섞어서 만드는 음료로 호흡기질환에 좋다고 한다.

18세기 초쯤 바비에르왕국의 왕자들이 파리에 살고 있었는데 이들은 생 제르맹 데 프레(지금의 앙시앵 코메디거리)에 있는 카페 프로코프 Café Procope에 자주 갔었다고 한다. 그들은 크리스탈로 만든 병에 넣은 이 음료를 주문했었는데 설탕 대신에 카피레르 Capillaire라고 하는 풀고사리류의 일종인 하코네초(草) 시럽을 넣는 것을 좋아했다고 한다. 그래서 바비에르인이라는 의미로 바바루아즈 Bavaroise라는 이름이 이 음료에 붙여졌다고도 전하고 있다.

즐레 Geleé

프랑스어로는 즐레 Geleé, 영미어로는 젤리 Jelly라고 불리는 과자. 와인과 과일을 넣어 빨강, 초록으로 색을 내어서 보는 것만으로도 산뜻하고 청량감을 자아낸다. 일본에서도 무더운 여름에는 굉장히 인기가 있는 디저트 과자이다. 보첨물을 제외하면 소재의 대부분이 수분이기 때문에 입속을 통과할 때의 감촉이 매우 좋다.

굳히는 재료는 대부분이 젤라틴을 사용한다. 요즘은 동물의 뼈, 연골, 힘줄 등

즐레

에 함유되어 있는 물질로 만들지만 옛날에는 사슴뿔을 사용하여 채취했다고 한다. 이것을 물에 담궈서 부드럽게 한 후 가미하여 따뜻한 용액에 혼입시켜 녹인 후 용기에 흘려넣어서 식히면 굳는다. 수용액이기 때문에 어떤 색으로도 물들일 수 있고 용기에 따라 어떤 모양으로도 굳힐 수 있다. 또 다른 과자에서는 볼 수 없는 선명한 투명감도 옛날이나 지금이나 인기가 있는 점이다.

그럼 카렘시대의 즐레(젤리)에 대해 살펴보자. 젤라틴은 그 당시에 질(質)이 어땠는지 모르기 때문에 그 효과와 능력을 정확하게 비교할 수는 없지만 양적으로는 샤를로트, 바바루아와 마찬가지로 현재의 기준량(수분에 대해 약 3% 전후)의 거의 1.5배에서 2배를 사용하고 있다.

샤를로트 부분에서도 설명했지만 이런 즐레와 바바루아라고 하는 과자는 식히는 작업을 통해 보형성을 가지게 된다. 오늘날에는 냉장고 등 냉각기능이 발달하여 단시간에 충분히 그 효과를 낼 수 있고 또 그 후의 보존도 일정 정도의 저온을 유지하면 전혀 어려울 것이 없다. 그러나 당시에는 그렇지 않았다. 그렇기 때문에 식감을 조금 희생시키더라도 현재의 2배 정도의 젤라틴이 필요했을 것이다. 또는 생각하기에 따라서는 미각, 식감에도 유행과 그때그때의 상식이라는 것이 있다는 사실을 바탕으로 보면, 이것이 진짜 당시 사람들이 좋아하던 형태로 지금처럼 단맛이 적고 금방이라도 녹을 것 같이 부드러운 즐레를 내 놓으면 결코 맛있다고 느끼지 못했을 수도 있다.

흰 음식, 블랑망제 Blanc-Manger

과자에는 다양한 색이 있다. 또 색이라는 것은 보는 사람에게 여러 가지 감정을 불러일으킨다. 색을 어떻게 사용하느냐에 따라 따뜻하게 느끼거나 청량감을 느끼기도 하고, 같은 색이라도 계절에 따라 강하게 또는 약하게 표현함으로써 과자가 맛있어 보이거나 맛없어 보인다. 인간이라면 누구나 먹기 전에 우선 눈으로 맛을 본다. 그렇기 때문에 과자에 따라서는 소재 본연의 맛에 따라 필연적으로 그 색이 되는 것도 있고 만드는 사람이 의도적으로 그 색으로 만드는 것도 있다.

프랑스에는 블랑망제 Blanc-Manger라고 하는 전통적인 과자가 있다. '흰 음식'이라는 이름대로 흰 젤리, 또는 바바루아와 같은 상태이다. 현재 프랑스나 일본의 대부분의 과자점에서는 우유를 사용하며 젤라틴으로 굳혀서 만들고 있다. 물론 이렇게 해도 훌륭한 흰 음식이 되지만 원래는 조금 더 복잡한 과정을 거쳐서 만든다.

고전적인 제법에 입각하면 다음과 같다. 우선 아몬드를 잘게 부순 후 돌 롤러를 사용하여 좀 더 잘게 갈면 하얀 액체를 짜낼 수 있다. 이것을 속칭 아몬드 밀크(레 다망드 Lait d'amande)라고 부르는데 이것을 사용하여 만드는 것이 원래 정상적인 옛날식 블랑망제이다. 알이 작은 아몬드에서 매우 적은 양밖에 짜낼 수 없었기 때문에 이것을 사용했다는 것을 내세운 과자는 상당한 고가였다.

비슷한 방법으로 만든 것 중에 중국의 杏仁豆腐가 있다. 중화요리를 먹을 때 디저트로 과일과 섞어서 자주 나오는 희고 담백한 것이다. 중국에서도 아몬드(杏仁)가 나오기 때문에 생각해 보면 당연한 것 같다. 이것도 그야말로 훌륭한 블랑망제이다. 동서 어느 쪽에서 전해진 것인지, 또는 전혀 다른 곳에서 발생한 것인지 흥미롭다.

『라루스 요리백과사전 Larousse Gastronomique』등에 따르면 미식가로 유명한 그리모 드 라 레이니에르 Grimod de la Reynière는 이 과자가 랑그도크지방에서 처음 만들어졌다고 말한다. 또 "몽펠리에 Montpellier라는 마을에 사는 더없이 소

박한 여자 요리사들이 훌륭한 블랑망제를 만들고 있는데 파리에서는 입에 맞는 것
이 거의 없다."고도 한다. 그리고 "이것을 만드는 것은 매우 어렵고 구 체제 때(프랑
스혁명 이전의 체제) 겨우 2,3명 정도의 요리사만이 잘 만들 수 있었기 때문에 우리
들은 혁명 이래 그 제조비법이 사라지지 않을까 마음이 아팠다."라고 하고 있다.

천재적인 요리명인이었던 카렘은 그의 저서 『감미로운 앙트르메 개론 Traité des
entremets de douceur』과 『파리의 요리사 Le Cuisinier Parisien 』등에서 이렇게 말
하고 있다.

"이러한 훌륭한 앙트르메는 미식가들에게 높이 평가받고 있지만 이를 위해서는
충분히 하얗고 혀에 닿는 감촉도 좋아야 한다. 좀처럼 겸비하기 힘든 이 두 가지
특성으로 인해 다른 크림과 젤리보다 사람들이 좋아하는 것이다. 이것은 아몬드
가 영양분이 풍부하고 쓴맛을 부드럽게 하는 데 적합한 많은 유지(油脂)와 향을
함유하고 있기 때문이다"

역시 아몬드로 만들지 않으면 진짜가 아닌 것 같다. 또 '흰 음식'이라는 이름에
도 불구하고 초콜릿 맛과 커피 맛, 그 외에도 다양한 과일을 넣은 블랑망제도 고안
되었고 카렘의 저서에도 많이 등장하고 있다. 이러한 것들이 들어가면 실제로 색
도 흰색이 아니게 되는데 이러한 부분에 대해서는 군이 고집하지 않고 '희지 않은
흰 음식'을 즐기고 있는 것 같다.

피에스몽테 Pièce Montée

피에스 Piéce란 영어의 '피스, 작은 조각', 몽테 Montée란 '쌓아 올린'이란 의미이
다. 일본에서 흔히 알려진 것 중에 웨딩케이크가 있는데 이러한 것들을 포함하여
높게 쌓아올려 장식한 대형과자는 모두 피에스 몽테라고 부른다.

카렘은 천재라고 불릴 정도로 커버할 수 있는 일의 범위도 넓었지만 그 중에서도
특히 피에스몽테류에는 열정을 보였다. 높이 쌓아올려서 장식을 한 이른바 공예과

카렘의 블랑망제와 즐레의 장식 플랜

167

자는 그가 주장하듯이 분명 건축의 미학으로 볼 수 있었고 또 사교의 장에서는 참석자들의 눈길을 사로잡고 감탄을 표하게 만드는 데 딱 맞는 소재이기도 했다.

누가 Nougat, 파스티야주 Pastillage (검페이스트), 슈 등을 사용하여 아주 미세한 부분까지도 공을 들여 만든 많은 피에스몽테는 당시 그의 독무대였다. 그는 그때까지 열심히 다니며 베껴온 그림과 조각의 도안을 마음껏 요리와 과자 분야에 활용하기 위해 노력했다. 먹는 즐거움을 충분히 증대시킬 수 있는 이러한 연출은 이를 계기로 더욱 발전하여 오늘날 우리들에게 이어지고 있다. 오늘날에도 프랑스에서 결혼식 등에 가장 인기 있는 피에스몽테로는 크로캉부슈 Croquembouche라고 하는 장식과자가 사용된다.

일본에서는 웨딩케이크라고 하면 영국과 미국식을 따라 대체로 둥근모양의 스펀지 케이크(최근에는 속에 스티로폼 등을 사용하고 있음)를 쌓아 올려서 장식을

프랑스의 대표적인 결혼식용 크로캉부슈인 피에스몽테

하지만 이 프랑스의 독특한 크로캉 부슈는 누가로 모양을 낸 시트 위에 크림이 들어간 작은 슈를 쌓아 올려서 만든다. 물론 원형 시트 위에 쌓아 올려 만드는 방법도 있지만 이 방법이 프랑스에서는 보다 일반적이다. 그리고 행사 뒤의 파티와 회식 후에 쌓아 올린 슈를 하나씩 떼어 내 모두 같이 먹으면서 기쁨을 나누게 된다.

이 피에스몽테는 이런 결혼식용 외에도 종교적인 것이어서 잘 알려져 있지는 않지만 밥테무 Baptême (가톨릭의 세례식), 코뮤니온 Communion (성체배령), 또

카렘의 피에스몽테

는 피앙사이유 Fiançailles(약혼식) 등에, 또 그 외 각종 파티와 행사에 가장 정통적인 디스플레이로 폭넓게 사용되고 있다. 최근에 일본에도 조금씩 도입되기 시작했다.

파스티야주 Pastillage

프랑스어로는 파스티야주, 영어로는 검페이스트라고 불리는 이 소재는 분설탕과 달걀 흰자에 젤라틴과 트래거캔스검을 섞어서 반죽한 것이다. 먹기에는 딱딱하고 맛있다고는 할 수 없다. 그 반면 정형한 후 일단 건조시키면 재질이 딱딱해져서 상당히 장기간에 걸쳐 보존이 가능해지기 때문에 공예작품에는 매우 적합한 소재라고 할 수 있다. 또 마지팬 등은 소형이고 비교적 세밀하지 않은 세공에 적합한 데 비해 파스티야주는 상당히 세밀하게 제작할 수 있고 또 딱딱하게 굳는 성질을 이

169

용하여 대형 공예과자를 제작할 수 있다.

제작하는 데 있어 원래 순백의 표면이 특색인 만큼 그 특징을 살린 작품을 많이 볼 수 있다. 물론 바탕이 하얗기 때문에 착색 후의 효과가 커진다는 것은 설명할 필요도 없을 것이다. 이러한 성질을 이용하여 미세하고 사실적인 작품을 만들수 있고 최근에는 모던 아트적인 것도 많이 만들어지고 있다.

파스티야주 기법이 언제부터 사용되었는지는 분명하지 않지만 어쨌든 대부분의 과자가 요리와 함께 문화의 일익을 담당할 정도까지 인정받아 온 르네상스 시대 이후, 특히 이런 것들을 집대성한 앙토넹 카렘 이후일 것이다. 그리고 상류계급사회에서 화려한 연회와 각종 행사의 연출에서 중심적인 역할을 했으며 다양한 형태가 고안되어 그러한 자료의 대부분이 오늘날 우리들에게도 전해지고 있다.

근세에 발달한 파스티야주는 근대에 들어 다양한 과자의 구성에 응용되었다. 그 대부분은 그대로 또는 다소 개량을 하여 계승되었고 오늘날의 우리들의 생활을 즐겁게 해주고 있다.

천 겹의 층, 밀푀유 Mille-feuille

밀푀유란 과자는 푀이타주(보통 파이반죽)에 커스터드크림을 샌드해 표면에 분설탕과 퐁당을 바른 것으로 양과자의 상품구성 중에서는 일본에서도 상당히 대중적인 부류에 속한다.

밀 Mille이란 '천(千)', 푀유 feuille란 '나뭇잎', 즉 '1,000장의 나뭇잎'이라고 하는 의미이다. 접어밀기한 반죽을 구워내면 버터와 밀가루가 켜켜이 층을 이루어 마치 우수수 떨어지는 낙엽이 쌓인 것과 같은 형태가 된다고 해서 붙여진 이름이다. 일본에서는 서양문자에 대해서 다양한 발음표기가 이루어지는데, 예를 들어 밀푀유도 밀피라든가 밀페라고 불리는 경우도 적지 않지만 사물에는 대부분의 경우 그 것을 나타내는 의미가 있는 것이다. '1,000장의 나뭇잎'은 역시 밀푀유라고 정확하

밀푀유

그리모 드 라 레이니에르

게 표시해야 할 것이다.

이 밀푀유는 프랑스의 루제 Rouget가 자신있어 하는 요리였다고 전해지며, 미식가인 그리모 드 라 레이니에르 Grimod de la Reynière(1758~1838년)는 밀푀유를 "천재가 만들었고 최고로 정교한 솜씨로 반죽된 것임에 틀림없다."라고 했다. 그리고 1807년 1월 13일 그의 저서 『미식가 연감』이라고 번역된 『Almanach des Gourmands』의 맛감정위원회가 밀푀유를 감정했는데 평결은 '이것을 비유하자면 몇 겹으로 겹쳐진 나뭇잎과 같다.'라는 것이었다. 그야말로 1,000장의 나뭇잎, 밀푀유인 것이다.

현재는 다양한 스타일로, 다양한 이름의 밀푀유가 만들어지고 있다. 디자인도 분설탕을 뿌리거나 퐁당에 초콜릿선으로 화살무늬 이카트Ikat 패턴을 넣거나 사각모양이거나 둥근 모양이거나…… 언뜻 보면 단순하게 겹겹이 쌓인 것 같은 이 과자를 우리는 아마도 영원히 즐길 것이다.

남은 것을 이용한 알뤼메트 Allumette

푀이타주(보통 파이반죽)를 사용한 과자 중에 알뤼메트 Allumette가 있다. 프랑스어로 성냥을 의미한다. 언뜻 보기에는 과자에는 어울리지 않는 이름이다.

푀이타주 반죽 위에 달걀 흰자와 섞은 분설탕(로열 아이싱)을 발라서 구워내는 것으로 단순하지만 상당히 풍미가 좋은 과자이고 프랑스에서 변함없는 인기를 누리고 있다. 완성된 것을 보면 구워진 표면이 성냥을 점화시킬 때 문지르는 거칠거칠한 면과 비슷하다고 해서 이런 이름이 붙은 것이라는 이야기도 있지만 이것은 조금 과장된 생각인 것 같다.

요리 분야에서도 같은 반죽을 사용하여 속을 채워 넣고 구운 것을 알뤼메트라고 부르고 있고 또 그야말로 성냥개비처럼 잘게 자른 감자튀김도 알뤼메트라고 부르고 있다. 추측하건대 예전에 이 과자는 그 이름처럼 가늘게 만들어졌을 것이다.

알뤼메트

알뤼메트 오 폼므

역사적으로는 19세기 중엽 프랑스의 일에빌렌 Ille-et-Vilaine 지방의 디나르 Di-nard라는 곳에 살고 있던 스위스출신 과자명인에 의해 만들어졌다고 한다. 과자제작의 연혁을 정리했던 라캉에 따르면, "이것을 만든 것은 프란타라고 하는 인물이다. 그는 남은 로열 아이싱을 어디에 사용할까 고민했다. 그래서 그것을 다시 한 번 반죽해서 부드럽게 해 설탕이 오븐에서 흘러나오지 않도록 한줌의 밀가루를 섞어서 푀이타주 위에 바르고 오븐에서 구웠다."라고 한다.

앞에서 과자의 발전요인에는 여러 가지가 있다고 했는데 이 알뤼메트는 결국 남은 재료를 처리하는 과정에서 탄생한 명과이다. 알뤼메트와는 별도로 알뤼메트 오 폼므 Allumettes aux pomme 라고 하는 것이 있다. 사과에 푀이타주를 감싸서 구운 과자로 잘 알려져 있다.

만드는 법을 적어 보면 우선 접어 올린 푀이타주를 두께 2mm, 폭 8cm 정도로 만들고 길게 늘여서 잘라 오븐팬에 놓는다. 양쪽 끝에 달걀노른자를 바르고 그 위에 조린 사과를 가늘고 길게 가득 얹고 시나몬을 뿌린다. 또 한 장의 푀이타주에 가늘게 칼로 칼집을 넣는다. 이것을 펴서 덮은 다음 양 끝을 눌러서 붙이고 표면에 달걀 노른자를 발라서 구워내면 표면에 가늘게 칼집이 들어가 있기 때문에 그것이 마치 성냥개비가 상자 속에 늘어서 있는 것처럼 보인다고 해서 이름이 붙여졌다고 하는 설도 있다. 여전히 이에 대한 확증은 없다. 아마도 일본에서 만들어진 이름의 과자일 것이다.

쇼송 Chausson

쇼송이라고 하는 과자는 제과점에서 팔리는 과자 중 크루아상, 뺑 오 쇼콜라와 함께 특히 갓 구웠을 때가 맛있는 과자이다. 쇼송을 사전에서 찾아보면 덧신, 슬리퍼, 운동화라고 나와 있는데 원래는 단화와 나막신의 안쪽을 싼 가죽구두 종류를 가리켰던 것 같다. 이 과자는 푀이타주 반죽에 속을 채워 넣은 후 반으로 접어 구

쇼송

운 것으로 형태가 반달모양이기 때문에 슬리퍼와 나막신의 끝부분과 비슷하다고 해서 이런 이름이 붙여진 것 같다.

현재의 상품구성에서는 일반적인 것, 혹은 자칫하면 그레이드가 낮은 쪽으로 취급될 수도 있지만 이전에는 고가 상품군에 속해 있었다. 가장 대중적인 것으로는 속에 사과를 넣은 쇼송 오 폼므 Chausson aux pomme가 있다.

오늘날 사과는 경우에 따라서는 과일의 대표격으로 취급될 정도로 보급되었고 매우 건강에 좋다는 이미지를 갖고 있다. 그러나 일찍이 유럽에서는 사과가 몸에 유해하다고 생각했던 시대도 있었다. 아마도 아담과 이브이야기 때문에 나온 것이라고 생각되는데 분명하지는 않다. 특히 당시의 의사들조차도 그렇게 이야기했었다고 하니 믿음의 힘이란 무서운 것이다.

그런 시대에 용기 있는 사람이 나왔다. 이탈리아의 살레르노대학의 창시자로서 유명한 아랍인 의사였던 히포크라테스 가리안이다. 그는 미신을 타파하고 사과는 장의 가스와 흑담즙을 제거하는 데 효과적이라고 평가하고 나아가 적리(赤痢), 발열, 현기증, 심장의 두근거림, 기억력 감퇴, 시력저하에도 효과가 있다고 지적했다. 이렇게 보면 약간 만병통치약 같은 느낌이긴 하지만 이렇게 세간의 오해는 풀렸고 오늘날에 이른 것이다. 현재 우리들은 아무런 의심도 없이 사과를 먹고 있지만 이렇게 되기까지 이런 역사가 있었다.

이 쇼송이라고 하는 과자는 사과 외에도 자두나 살구등 다양한 것을 채워 넣어 즐길 수 있고 지방에 따라서는 이 외에도 다른 과일을 넣어 지역의 명물로 만들기도 한다. 유럽은 지금이야 세계 속의 선진국으로서의 면모를 갖추고 있지만 생각해 보면 역사의 흐름 속에서는 상당히 야만적인 행위도 있었고 지금의 상식으로는 상상도 할 수 없는 미신도 있었다.

콩베르사시옹 Conversation

프랑스 과자에는 여러 가지가 있는데 그 중에 콩베르사시옹이 있다. 영어로 읽으면 컨버세이션으로 당연하지만 '회화'라는 의미가 된다.

타르틀레트 틀(型)에 푀이타주를 깔고 속에 아몬드 크림을 짜 넣는다. 그리고 윗면에는 로열 아이싱(분설탕을 달걀 흰자와 섞은 것)을 바르고 푀이타주로 만든 가는 띠반죽을 X자로 교차시켜 구워낸다. 상당히 공을 들여야 하는 과자이다. 꽤 오래 전부터 만들어졌던 것 같고, 전통적인 과자 중 하나로 꼽히고 있다. 그렇다고는 해도 푀이타주와 아몬드 크림을 사용하여 상당히 완성된 형태를 갖추고 있는 것으로 보아 근세에 만들어지기 시작한 근대의 것이라고 짐작할 수 있다.

식감도 가볍고 아몬드의 풍미가 좋아서 프랑스에서도 변함없는 인기를 누리고 있는 상품 중 하나이다. 그렇지만 왜 이런 이름이 붙여진 것일까? 과자에 이름을 붙이는 데는 다양한 방법이 있지만 대부분은 비슷한 형태의 이름을 모방해서 붙이곤 한다. 그렇게 생각해 보면 이런 종잡을 수 없는 추상적인 이름을 붙인 것은 약간 특이하다는 느낌이 들 수밖에 없다. 그런데 사실은 아래에 소개하는 내용에서 온 발상이었다고 한다.

프랑스에서 어학학교 등에 다녀본 사람들은 알 것 같은데 교사가 학생들끼리 프랑스어로 대화를 하도록 독려할 때 좌우의 집게손가락으로 X표를 만드는 동작을 한다. 여러 가지 면에서 구미인들은 동작과 표현 방법이 풍부한데 이것도 그 중 하

175

콩베르사시옹

나로 결국 이 손가락으로 만드는 X표는 회화를 하라는 손짓인 것이다. 이러한 사실을 이해하고 있다면 콩베르사시옹이라고 하는 과자의 윗면 디자인도 여기서 온 것이라는 것을 알 수 있다.

일본에서는 이런 동작을 할 경우 보통은 싸움이나 다툼의 표현일 것이다. 아마도 서로 부딪히거나 손가락을 칼에 비유한 칼싸움 같은 것이 그 기원이 됐을 것이다. 같은 몸짓이라도 '대화'와 '싸움'으로 큰 차이가 있다. '회화'를 먹으면서 회화를 즐긴다. 그렇지 않아도 떠들썩한 라틴계 민족성이 전해져 오는 듯한 기분이 드는데 한편으로는 식(食)과 관련해서는 모든 것을 즐기는 그들의 마음을 조금은 알 수 있을 것 같은 과자이기도 하다.

이 외에도 쾨이타주를 플레인한 형태로 사용하는 것 중에는 반죽을 꼬아서 봉모양으로 만든 사크리스탱 Sacristain이나 하트 모양으로 옛날부터 파리의 명물이었던 팔미에 Palmier, 나비모양으로 비틀어 만든 파피용 Papillon 등이 있다. 또 돔형의 타르트 올랑데즈 Tarte Hollandaise, 사과를 사용한 타르트 타탱 Tarte Tatin, 오를레앙 루아르 피티비에시(市)의 명과 피티비에 Pithivier, 반죽의 특성을 살려 그릇모양으로 만든 쾨이 다무르 Puits d'amour 등등, 혹은 짭짤한 안주같은 느낌의 오르되브르에 이르기까지 쾨이타주로 만든 과자는 굉장히 다양하다.

다양한 슈 과자

17세기 이후 명확하게 그 모습을 드러냈다고 하는 슈 반죽은 이때쯤부터는 여러 가지 용도로 사용되었고 다양한 명과로 알려지기 시작했다. 슈 반죽을 사용한 것 중에 가장 익숙한 과자로는 슈 아 라 크렘 Choux à la Creme이 있다. 일본에서는 영불혼합어로 슈크림이라고 부른다. 슈란 프랑스어로 양배추란 뜻이다. 결국 크림이 들어간 양배추라는 의미이다. 모양을 보면 납득이 간다. 이 어원에 대해서는 많이 알려져 있다. 그러나 한마디로 슈크림이라고 해도 조사해 보면 꽤 다양한 종류가 있다는 것을 알 수 있다.

보통 일본에서 자주 볼 수 있는 것은 속에 커스터드 크림과 거품을 낸 생크림을 채워 넣은 것으로 영어로는 크림 퍼프라고 부르는 것이다. 또 구미에서는 애완용으로 인기가 있는 생쥐 모양을 본뜬 수리 Souris와 쾨이타주를 십자형태로 교차시킨 퐁네프 Pont-Neuf, 에클레르 Eclair 등도 같은 종류이고 이것을 작게 만든 것은 카롤린 Caroline 이라고 하는 느낌이 좋은 여성의 이름을 갖고 있다.

이 반죽은 가늘게 짜서 구울 수도 있다. 이러한 성질을 이용하여 S자 형태로 구워서 백조의 머리에 비유한 시뉴 Cygne도 있다. 기름으로 튀기면 페드논 Pets-de-nonne, 열탕에 끓이면 뇨키 Gnocchi라고 하는 요리과자가 되는 편리한 반죽이다.

파리 브레스트 Paris-Brest

둥근 고리 형태로 짜서 구운 슈 과자. 일본은 합성어를 잘 만들어 내는 경향이 있는데 이것도 영어와 프랑스어를 섞어서 링 슈 등으로 부르고 있지만 정식 프랑스 과자명은 파리 브레스트 Paris Brest이다. 맨 처음 프랑스에서 만들어졌고 그 후 브레스트시의 과자 장인이 완성시켰다고 하는데 이런 이야기가 있다.

프랑스라고 하는 나라는 올림픽에서도 이미 증명되었듯이 멋있는 척하는 것에 비해 원래 스포츠는 그다지 강한 나라가 아니다. 그러나 축구와 함께 자전거 경기에 대해서는 상당히 열렬해서 국민들도 즐기는 편이다. 이렇게 자전거를 사랑하는 사람들이 파리시에서 브레스트시까지 경주를 했다고 한다. 그래서 이 과자의 모양

파리 브레스트

시뉴

이 자전거 바퀴와 비슷하다고 해서 붙여진 이름이라고 한다.

페드논 Pet-de-Nonne

일반적으로 과자뿐만 아니라 기름에 튀긴 것을 베네 Beignet라고 한다. 그리고 튀겨서 부풀린 것을 베네 수플레 Beignet Soufflé라고 부른다. 이런 종류 중에 페드논 Pet-de-Nonne이란 과자가 있다. 이것은 슈 반죽을 튀겨서 속에 다양한 과일 등을 섞은 크림을 채워 넣은 것으로 위에서 가볍게 분설탕을 뿌리거나 색이 선명한 과일 소스를 곁들여 내놓거나 하는 매우 훌륭한 디저트다.

그런데 직역하면 '수녀님의 방귀'라는 뜻이다. 그 까닭은 뭉게뭉게 부풀어 오른 그 모양이 아무리 봐도 방귀를 표현하고 있는 것 같다고 해서 붙여진 것일 것이다. 그리고 여기에는 정말 그럴싸한 이야기도 전해져 내려오고 있다.

옛날 어느 수도원의 부엌에서 젊은 수녀님이 그만 실수로 '그것'을 뀌고 말았다. 그녀는 너무나도 창피한 나머지 자기도 모르게 들고 있던 슈 반죽을 끓고 있던 기름 속에 떨어뜨리고 말았다. 그러자 순식간에 부풀어 올라서 매우 맛있는 과자로 변신하고 말았다는 것이다. 먹는 것에 아무렇지도 않게 이런 유쾌한 이름을 붙이

페드논

는 점은 왠지 애교스럽고 장난기 가득한 프랑스인다운 면모이다. 그러나 이런 이름은 고상하지 못해서 입에 올리기 싫다고 하는 사람들도 있기 때문에 수퍼르 드 논 Soupir de Nonne '수녀님의 한숨'이라는 로맨틱한 이름으로 불리기도 한다.

역사적으로 볼 때 확실한 고체에 대한 가열방법은 직화 또는 달군 돌 등에 올리는 것이었다. 그러나 반유동적인 이른바 루 상태의 반죽은 오븐으로 가열하는 것보다는 달군 기름에 넣는 편이 훨씬 간단

해서 오래 전부터 이렇게 해 왔다. 따라서 이 페드논으로 대표되는 베네 수플레 등은 오늘날 구워서 부풀리는 슈 과자의 선조 격인 존재라고 할 수 있다.

룰리지와즈 Religieuses

과자에 이름을 붙이는 방법에는 여러 가지가 있지만 가장 알기 쉬운 방법은 그 모양을 보고 만드는 것이다. 큰 슈 위에 작은 슈를 얹고 전체적으로 커피와 초콜릿

이 들어간 퐁당을 뿌린다. 언뜻 보면 눈사람이나 일본에서 설이나 제사 때 올리는 오소나에모찌(お供え餅)라는 떡처럼 생긴 이 과자는 룰리지와즈 Religieuses(수녀)라고 불린다. 그 모양이 베일을 쓴 수녀님과 너무 닮아서 붙여진 이름일 것이

룰리지와즈

179

다. 이런 곳에서도 가톨릭의 문화를 엿볼 수 있다.

이 과자는 1856년에 파리의 프래스카티 Chez Frascati라는 과자점에서 최초로 만들어졌다고 한다. 당시에는 엄청난 인기를 누렸다고 하는데 그 후에는 점차 수그러들어 현재에 이르고 있다. 그렇지만 결코 인기가 없다는 뜻은 아니고 지금도 파리의 거리에서 자주 눈에 띄는 과자 중 하나로 여전히 변함없는 인기를 누리고 있는 것만은 확실하다.

에클레르 Eclair

에클레르라고 불리는 이 과자는 프랑스어로 에클레르 Eclair, 번개를 의미한다. 그런데 이 과자가 왜 에클레르(번개)일까? 통설에 따르면, 가늘고 긴 슈 위에 뿌려진 초코릿 퐁당이 빛을 받으면 번개처럼 반짝거려서라고 한다. 너무나도 그럴싸하다고 생각되지만 너무나 분명한 해석이어서 재미가 없다. 좀 더 특이한 설을 소개하고자 한다.

생각해 보면 어떤 과자는 정말로 먹기 힘든 것이 있다. 걸핏하면 속의 부드러운 크림이 옆에서 새어나오거나 밑에서 흘러나와 손에 묻고 입 주변은 지저분해지고 처리하기 곤란해진다. 결국 그렇게 되기 전에 전광석화 즉 번개처럼 먹어버리지 않으면 안된다. 이렇게 해서 붙은 이름이 에클레르. 그야말로 소설보다도 더 기이하다. 사실은 이보다 더 기상천외할 지도 모른다. 진위 여부는 어찌되었든 통설에 따른다면 퐁당이 개발된 것이 1822년이라고 하니까 당연히 그 이후에 만들어진 과자라는 이야기가 된다.

퐁네프 Pont-Neuf

파리의 지도를 보면 알 수 있듯이 센강이 파리의 거의 중앙을 크게 구불거리며 지나가고 있다. 옛날부터 지금까지 수많은 사랑과 눈물을 흘려보냈을 이 강이야말

로 프랑스를 상징하는 것 중 하나
이다. 그리고 예술의 도시이자 문
화의 중심지임을 자부하는 파리시
는 이 강을 중심으로 둘로 나뉘며
그 양쪽을 '우안' '좌안'이라고 부른
다. 양안을 비교해 보면 최근에는
큰 구별이 없어진 것 같지만 그래
도 아직도 사는 사람들의 계급, 직
종 등을 반영하여 뿌리 깊은 이질
성과 이미지를 갖고 있다.

퐁네프

한편 이 양안을 연결하기 위해
이 강에는 많은 다리가 설치되어 있다. 대강 둘러보아도 역사의 깊이가 느껴진다.
예를 들어 러시아 황제와 인연이 있어서 그 황제의 이름을 그대로 따서 붙인 알렉
산드르 3세 다리 Pont Alexandre Ⅲ, 이것은 현재 존재하는 다리 중에서 가장 화려
하게 장식되어 있고 금색과 녹색 등 전체적으로 풍부한 채색이 이루어져 화려한
파리의 일면을 보여주고 있다. 이 외에도 시민의 생활을 상상하기에 어렵지 않은 환
전교 Pont au Change, 지금도 세계의 중심이라고 자부하는 예술을 몸소 보여주기라
도 하는 듯한 예술교 Pont des Arts, 노래에도 나오는 미라보 다리 Pont Mirabeau,
멀리 이집트에서 옮겨진 인류의 위대한 유산 오벨리스크가 솟아있는 샹젤리제 거
리의 한편에 콩코드광장으로 통하는 콩코드교 Pont de la Concorde, 나폴레옹 보
나파르트가 잠든 앵발리드로 가는 길인 앵발리드교 Pont des Invalides 등등. 각각
과거의 모습을 떠오르게 하는 유서 깊은 이름이 붙여져 있다.

그 중에 퐁네프 PontNeuf 라고 하는 다리가 있다. 퐁 Pont은 '다리', Neuf는 '새
로운'이라는 의미로 일본식으로 읽으면 신교(新橋)가 된다. 그러나 완성되었던 당시

에는 어땠는지 모르지만 지금은 시간의 흔적이 많이 남아서 결코 아름답다고 말하긴 어려운 다리이다. 그리고 재미있는 사실은 그 이름과는 반대로 센강의 수많은 다리들 중에서 사실은 가장 오래된 것이라고 한다.

파리시의 지도를 보면 센강의 거의 중앙에 시테섬과 생루이섬 두 개의 섬이 있다. 퐁네프 다리는 이 중 시테섬의 끝을 가로지르며 센강의 우안과 좌안을 연결하고 있어서 형태상으로 보면 마치 십자를 연결하는 모양으로 되어 있다. 여담이지만 시테섬은 이른바 파리의 원형이라고 하는 곳이다. 즉 기원전 3세기경 이 섬에 일군의 사람들이 정착하게 되는데 그들을 파리지 Parisii라고 부른다. 그리고 그 후 점차 사는 범위가 넓어져서 현재와 같이 불어났다고 한다. 파리라고 하는 지명도 역사를 거슬러 올라가면 여기에서 유래한 것이다. 그 이후 오랫동안 시테섬은 파리, 프랑스의 고향이며 심벌이 되었다.

유럽의 도시는 대부분 자신만의 문장(紋章)을 갖고 있다. 파리시의 문장에는 배가 표현되어 있는데 이것이 시테섬이라고 한다. 거듭되는 전쟁 속에서 사수해 온 파리. '흔들리긴 하지만 가라앉지 않는다.'는 것을 상징하는 범선이다.

어쨌든 서론이 길긴 했지만 과자에도 퐁네프라는 이름이 붙여진 것이 있다. 푀이타주를 깐 타르트형 케이스에 슈 반죽을 깔고 그 위에 푀이타주를 가늘게 잘라 십자 형태로 붙여서 표면을 가르지 않고 서서히 둥글게 구워낸다. 속에는 크림을 채워 넣는데 위에는 프랑부아즈(라즈베리)잼과 분설탕으로 장식하는 귀여운 슈 과자이다. 윗면의 십자 형태 띠가 시테섬을 횡단하고 센강에 걸쳐져 있는 다리와 같이 보여서 이런 이름이 붙여졌다고 한다. 과자의 디자인 하나만 보더라도 이렇게 다양한 이야기와 일화, 역사, 노스탤지어가 얽혀서 만들어지는 것이다.

생토노레 Saint-Honoré

과자에는 다양한 에피소드가 전해지고 있는데 이 과자도 예외는 아니다. 생

토노레(성 오노레)는 기원전 660
년경 아미앵 Amiens(피카르디 지
방의 솜강 유역)의 주교였다고 한
다. 그러나 『라루스 요리 백과사전
Larousse Gastronomique』을 보아
도 그의 생애 중에서 그가 미식을
위해 어떤 공헌을 했는지는 분명
치 않다. 단지 어느 날 미사를 보

생토노레

고 있었는데 신의 손이 빵을 내려주셨다고 한다. 그 이후 제과점의 패트런(수호성
인)이 되었다. 그리고 그 기념일은 5월 16일이다.

제과점의 수호성인이 생미셸 St-Michel이라는 것은 앞에서도 설명한 바 있다.
그러나 일부에서는 생토노레 Saint-Honoré(성 오노레)라고 하는 설도 있다. 그리
고 그 이름을 딴 슈 반죽으로 만든 과자도 널리 알려져 있다. 그럼 왜 그가 제과
점의 수호성인이라고 하는 설이 탄생하게 된 것일까. 사실은 1480년경 생토노레
거리 Rue Saint-Honoré(현재 유명한 과자점들이 늘어서 있는 포부르 생토노레
Faubourg Saint Honoré와는 전혀 다른 곳으로 오래된 거리의 명칭)에는 달로와요
Dalloyau라고 하는 과자점이 있었는데 그곳의 셰프였던 시부스트 Chiboust가 슈
를 왕관모양으로 장식하고 가운데 부드러운 크림을 넣은 아름다운 과자를 만들었
다. 이것이 큰 평판을 얻게 되었고 생토노레 거리의 과자라고 해서 과자명도 *생토
노레라고 부르게 되었다. 이 거리의 명칭이 이렇게 우연히 성인의 이름과 같았기 때

---

* 현대 프랑스의 유명한 제과인인 이브 튀리는 생토노레에 대하여 "등장한 것은 1840년으로 시부스트가
스위스의 프랑을 보고 생각해 낸 것이다. 그리고 당시 둘레를 왕관 형태로 장식했던 것은 슈가 아니라 손
으로 둥글린 브리오슈였다."라고 한다.

문에 어느 새인가 제과점의 수호신도 이 성인일 것이라고 여기게 되어버린 것 같다(이와 관련해서 이 과자에 사용하는 크림은 생토노레 크림이라고도 부르며 또 만든 사람의 이름을 따서 시부스트 크림이라고도 부른다).

그리고 세계적으로 유명한 직물인 고블랑직물 중에는 생토노레를 제과점의 수호성인으로 디자인한 것도 있다고 한다. 어느새 진짜처럼 되어버린 것이다(프랑스 과자 연구가인 가와타 가쓰히코 河田勝彦의 말). 근거는 어찌되었든 널리 알려지게 되면 언젠가는 그 설도 부인하기 어렵게 된다. 이런 이유로 생토노레설이 완성되었다. 그러나 설명했듯이 프랑스 과자업계에서는 분명하게 생미셸설을 채용하고 있다는 점을 말해 둔다.

이 외에도 당시의 프랑스에 대해 잠시 살펴보자. 지금의 프랑스 제과에서는 탕 푸르 탕 Tant pour tant이라고 하는 아몬드 가루와 설탕을 1:1 비율로 섞은 것을 베이스로 사용하는 경우가 많다. 이 탕 푸르 탕을 고안해 낸 것은 1845년 보르도의 제과인이었다. 또 이미 크렘 파티시에르(커스터드 크림)와 프랑지판, 크렘 시부스트 혹은 크렘 샹티이(거품을 낸 생크림) 등은 과자제작에 왕성하게 사용되고 있었지만 버터 크림(크렘 오 뵈르 Creme au Beurre)이 등장한 것은 겨우 1865년으로 키예 Quillet라고 하는 사람이 발명했다고 한다. 또 1879년에는 뷔슈 드 노엘 Bûche de noël이라고 하는 장작모양으로 만든 크리스마스 케이크가 샤라부 Charabout라고 하는 가게에서 처음으로 선보였다. 같은 시기 슈에 치즈를 뿌린 람캥 Ramequins과 가토 브르통 Gâteaux breton, 가토 드 젠 Gâteaux de gêne 등의 과자가 등장한다.

트레퇴르 Traiteur

여기서 다시 프랑스의 과자점에 대해 살펴보자. 한마디로 과자점이라고 해도 사실은 다양한 타입이 존재한다. 예를 들어 대체로 과자점은 파티스리, 콩피즈리, 글라스 및 블랑제(빵집)의 각 부문을 갖추고는 있지만 각각의 특징이 있고 이런 모든 분야를 균등하게 소화해내고 있는 가게와 이 분야 중 어느 한 가지를 중심으로 하고 다른 것들은 부수적으로 하는 곳이 있다. 그리고 형태는 어찌되었든 그 대부분의 가게들이 트레퇴르 Traiteur 부문을 갖추고 있다.

트레퇴르란 맞춤요리 혹은 출장요리라고 번역되는데 프랑스와 일본 과자점의 큰 차이점 중 하나라고도 할 수 있는 부문이다. 과자점이 출장요리를 시작한 것도 이 시기이다. 일본에서는 이른바 연회출장서비스라고 부르는 것으로 상업적인 측면에서 상당히 큰 비중을 차지하고 있다.

국민성에 의한 요인도 있겠지만 그들은 항상 파티를 열어 사람들과의 접촉을 꾀하고 그것을 생활의 일부로서 즐기고 있다. 이런 파티를 열 때 한 집안의 주부 또는 집주인이 직접 만든 요리를 대접하는 것은 물론이거니와 단골 과자점에 일괄적으로 몇 인분씩 주문하는 경우도 적지 않다. 주문을 받은 가게는 주문받은 명수 분량의 요리, 디저트를 비롯해 과일, 치즈, 주스, 칵테일 등에 이르기까지 모든 것을 세트로 갖추어서 납품한다. 주문하는 쪽도 이것저것 고민해야 하는 수고를 덜고 가게 쪽도 일괄주문으로 매출이 올라가는 일석이조의 합리적인 시스템이라고 할 수 있다.

트레퇴르라고 하는 단어를 찾아보면 레스토랑 경영자를 의미하는 레스트라퇴르 Restrateur의 전신에 해당한다. 18세기 이전 옛날 사람들은 이 트레퇴르에서 연회를 했었다. 아직 오늘날의 레스토랑이 없던 시대에 요리의 제공은 이런 형태로 시작되었다. 이곳은 여행자를 위한 호텔로 처음에는 거기에서 숙박하는 사람들을 위한 식사를 제공했다. 그리고 그 연장선에서 연회도 받았던 것으로 보인다. 그렇지만 요리를 조금씩 파는 일은 없었던 것 같다. 이것이 발전하여 식사부문이 독립했고 레스토랑이 탄생했던 것이다. 한편 연회의 형식은 과자점으로 이어져 내려 왔다. 오늘날 결혼식과 크리스마스 모임 등과 관련된 분야는 과자점의 독무대가 되고 있다.

장사의 형태 외에 제조의 측면에서 지금에 이르기까지를 살펴보자. 13세기경에는 퀴지네 Cuisinier라고 하면 단순한 민간 요리사를 가리키는 것이었고 귀족과 상류계급의 전속 요리사와는 구별되는 개념이었다. 15세기가 되면 퀴지네는 다시 고기를 굽는 로티스르 Rôtisseur와 이른바 햄, 소시지 등을 파는 샤르퀴티에 소시시에 Charcutier Saucissier 로 나뉘게 된다. 오늘날 샤르퀴티에 Charcutier 라고 부르는 반찬가게가 있는데 이때부터 전통을 이어받아 직업으로서 확립되어 온 것이다.

이 샤르퀴테리 소시시에는 주로 돼지고기 등을 사용하여 조리를 했는데 얼마 후 16세기가 되면 닭고기를 전문으로 취급하는 사람들이 나오기 시작했고 이들을 푸라이에 Poullailler라고 한다. 이렇게 된 후 숙박시설에서 이러한 요리들이 분리해 나오면서 레스토랑이 발전했고 또 연회 목적의 요리가 과자점 쪽에서 트레퇴르라는 형태로 이어져 내려왔다. 그 당시의 사정을 엿볼 수 있는 타르트 타탱 Tarte Tatin이라고 하는 과자가 있어서 소개한다.

타르트 타탱 Tarte Tatin

프랑스 오를레아나지방의 라모트 뷔브롱이라고 하는 마을에 타탱이라고 하는 이름의 늙은 자매가 살고 있었다. 항간에 출판된 것 중에는 젊디젊은 처녀 자매라고 소개되어 있다. 어떤 일이든 좋은 의미로 해석하여 로망을 가지고 바라보고 싶은 것이 인지상정이지만 역사적 사실은 아래와 같다고 한다.

그녀들은 작은 여인숙을 운영하고 있었고 거기에 오는 사냥꾼들에게 식사를 제공했다. 어느 날 디저트로 사과를 사용한 타르트(애플파이)를 만들었는데 드디어 완성되어 오븐에서 꺼냈더니 어찌된 일인지 뒤집혀져 있었다. 모처럼 만들었는데 이렇게 되어버려 실망하면서 먹어봤는데 참으로 풍미가 좋은 훌륭한 맛이었다. 뒤집어져서 타버린 그 표면이 캐러멜 상태가 되어 이루 말할 수 없이 좋은 풍미를 자아내고 있었던 것이다.

그 후 이 과자는 의도적으로 처음부터 뒤집어서 굽고 타탱 자매의 타르트라고 해서 타르트 타탱 Tarte Tatin 또는 타르트 데 드모아젤 타탱 Tarte des Demoiselles Tatin이라고 불리며 전통적인 프랑스과자의 하나로 현대까지 이어지고 있다. 프랑스판 '전화위복'이라고 할

타르트 타탱

수 있다. 푸딩 등도 그렇지만 이렇게 뒤집어서 내는 과자를 가토 랑베르세 Gâteaux Renverses라고 부른다.

여담이지만 프랑스에 흥미진진한 앙케이트가 있다. 이것은 주로 젊은이들을 대상으로 진행한 것이었는데 질문 중에 어떤 직업을 갖고 싶은가라는 질문에 '요리'라고 대답한 사람이 적지 않았다. 그 이유로는 '유명해질 수 있는 가능성이 가장 클 것 같아서' 라고 답하고 있다. 프랑스는 분명 자유를 중시하는 나라지만 일본처럼 제멋대로 행동하는 자유는 아니다. 그 배경을 보면 어느 정도 계급제도의 잔재 같은 것이 뿌리 깊게 남아 있기 때문이다. 가문도 그렇다. 부모가 엘리트면 자식도 당연히 그 길을 걷게 된다. 또 일본은 상속세율이 높아서 상당한 재산가여도 3대째가 되면 거의 다 없어지는 시스템이지만 프랑스에서는 어지간한 일이 일어나지 않는 한 부호는 언제까지나 부호로 남아있을 수 있다고 한다. 바꿔 말하면 사회적 지위가 낮은 자는 위로 올라갈 수 있는 기회가 좀처럼 없는 나라인 것이다. 그리고 엘리트는 처음부터 그 길을 걸어서 엘리트가 되어 간다.

한편 그들은 가스트로노미라고 하는 식문화를 구축해 온 풍류를 아는 국민이기도 하다. 그렇기 때문에 그와 관련된 업종에 종사하는 사람의 지위는 상당히 높

게 평가되고 맛있는 요리, 맛좋은 과자 등을 만들면 거기에는 타르트 타탱 등에서 볼 수 있듯이 만든 사람, 고안해 낸 사람의 이름을 붙이고, 또는 그 이름을 따서 '누구누구 풍의'라고 하는 등 그 사람의 명성이 언제까지나 전해져 내려간다. 즉 고정화된 무언의 구속력을 갖는 사회에서는 요리사가 되는 것은 분명히 무명이었던 사람이 대성할 수 있는 지름길 중 하나인 것이다.

그런 만큼 이 길에서의 경쟁은 치열하고 그 속에서 다른 누구보다도 뛰어나서 대성하기 위해서는 상당한 노력이 필요하게 된다. 이렇게 험난한 프로의 길이 있기에 미식가들의 혀를 즐겁게 해줄 수 있는 것이다.

거품기와 짤주머니

과자의 발달사에 있어서 도구의 출현과 진보는 빼놓을 수 없다. 반죽에 거품을 내는 작업공정이 들어가게 되면서 보다 많은 공기를 머금을 수 있게 된 결과 입에 닿는 촉감이 상당히 가볍고 좋은 과자를 만들 수 있게 되었다. 극단적으로 말하면 이 시점부터 근대의 과자가 시작되었다고 해도 과언이 아니다.

거품을 내는 데 있어서 그때까지는 양미역취 Solidago altissima L와 갯버들 또는 버드나무 등의 휘어지는 가는 나뭇가지 다발을 만들어서 휘프(거품기)로 사용했다. 부드럽게 휘는 성질을 이용한 이 도구는 상당히 귀중하게 다루어졌던 것으로 보이며 매우 많이 사용되었던 것 같다. 일본에서도 밥공기를 대나무로 만들었는데 그 발상이 비슷해서 흥미를 갖게 되는 부분이다. 유럽에 대나무가 있었다면 아마도 당연히 사용되었을 것이다.

오늘날 우리는 짜내는 작업을 할 때 아무런 주저 없이 짤주머니를 사용한다. 그러나 이처럼 아무렇지 않게 생각되는 것도 이것이 고안되기까지는 상당한 시간이 필요하다. 비스퀴 아 라 퀴이예르 Biscuit a la Cuiller (스펀지 핑거. 퀴이예르란 프랑스어로 스푼을 의미) 유래에서 볼 수 있듯이 철판 위에 가늘고 길게 반죽을 짜는 것조차도 스푼으로 떠서 놓았었다.

1710년경 비스퀴와 마카롱을 만들기 위해 투입구가 있는 주사기와 같은 도구가 개발되었다. 이것으로 길게 짜내어 구우면 스페인 무용수의 손가락과 같이 희고 아름다운 과자를 만들 수 있었기 때문에 숙녀의 손가락이라고 해서 사람들이 좋아했다. 그러나 이 방법으로는 작업이 좀처럼 순조롭게 진행되지 않았다. 능숙하게 사용하기까지 상당한 시간을 요했기 때문이다.

그 후 1808년 프랑스 보르도지방의 라르사라고 하는 곳에서 원추형의 종이봉투가 개발되어 오늘날과 같이 반죽을 짜낼 수 있게 되었고 꽤 편리해졌다. 단 종이는 잘 찢어지고 특히 앞부분과 이음매에 풀로 접착한 부분이 약해서 매우 사용하기 불편했던 것 같다. 일설에 따르면 이것을 개량하여 천으로 만든 주머니가 만들어진 것은 1820년으로 천재 제과인이라고 불렸던 카렘이 고안했다고 한다. 천 짤 주머니는 튼튼하고 잘 찢어지지 않아 짤주머니로 짜서 만드는 과자가 많이 만들어지게 되었다.

그리고 다른 책에서는 마찬가지로 카렘이 고안했다고는 하는데 1811년 샤를 모리스 드 탈레랑 페리고르 Charles Maurice de Talleyrand-Perigord (나폴레옹 1세 때 외무장관을 지낸 사람) 가 좀 더 가늘고 예쁜 비스퀴 아 라 퀴이예르를 만들도록 명령해 짤주머니 사용을 고안해 냈다고 전하고 있다. 그리고 또 다른 설에 의하면 프랑스 서남부의 랑드 Les Landes지방의 과자명인 로사 Lorsa가 다양한 형태의 슈 과자를 만들기 위해 처음으로 이 짤주머니를 고안했다고 한다. 현대의 프랑스과자를 표방하고 대서특필했던 이브 튀리 Yves Thuries는 이에 대하여 1847년에 오브리오 Aubriot라고 하는 사람이 반죽을 주머니에 채워 넣고 짜는 것을 고안해 냈다고 한다. 또 모양깍지는 트로티에 Trottier라고 하는 사람이 제작했다고 말하고 있다.

다양한 내용의 기술이 있지만 각각을 종합해 보아도 짜내는 도구, 짜는 기법 모두 그렇게 오래된 것은 아니고 19세기에 시작되어 발달한 것은 분명한 것 같다. 소재 가공 면에 있어서는 1823년 퐁당 Fondant이 처음으로 만들어지면서 프티 푸르 Petit Four의 표면장식 등에도 변화가 나타나기 시작한다.

퐁당 Fondant

설탕이라는 것은 물에 넣고 저으면 용해된다. 그러나 일정량에 달하면 더 이상 용해되지 않고 침전되기 시작한다. 그리고 나서 이 용액에 열을 가하면 녹지 않고 침전되어 있던 설탕이 다시 용해되기 시작한다. 이것을 포화라고 하는 개념으로 나타내면 그 상태를 '불포화', '포화', '과포화'로 나눌 수 있다. 일정 농도 이상에 달한 과포화당액은 조건에 따라서는 여분의 설탕이 다시 결정체를 만들어 간다. 이른바 당화현상이다.

퐁당 Fondant이란 이런 성질을 이용하여 만드는 과자제작을 위한 부재료이다. 결국 당액을 저어서 충격을 가함으로써 설탕이 결정체를 형성하게 되어 이렇게 희고 뿌연 용액을 만드는 것이다. 프티 푸르 윗면의 광택과 컬러풀한 장식은 물론이거니와 에클레르의 초콜릿 퐁당, 프티 가토와 앙트르메의 윗면 처리, 웨딩케이크의 아이싱 등 이루 다 열거할 수 없을 정도로 전반적인 과자에 이 퐁당이 사용되고 있다.

화과자 제작에 있어서도 비슷한 방법으로 만드는 '스리미츠(擂蜜)'라고 하는 것이 있는데 편리하게 사용되고 있지만 완전히 같은 것은 아니다.

음료에서 고형 초콜릿까지

초콜릿이 유럽 전역으로 확산된 것도 17세기부터이다. 프랑스에 왕실 초콜릿 조달소가 만들어진 것은 1760년이었는데 그 이후 유럽전반에 코코아 하우스 혹은 초콜릿 하우스라는 것이 오픈됐고 각각 문학과 정치, 도박을 좋아하는 고객들이 모이는 인기 있는 모임장소가 되어 크게 번성했다. 그러나 이때까지의 초콜릿은 현재와 같은 고형이 아니었고 조합, 맛까지 크게 달라서 아즈텍시대와 다르지 않은

'음료', 즉 코코아와 같은 것이었다. 이것이 마시는 것에서 먹는 것으로 변화한 것은 빅토리아왕조시대 (1837~1901년) 직전이었다고 한다.

현재 세계 최고의 초콜릿은 벨기에와 함께 스위스 제품이라고 하는데 스위스에서 처음으로 초콜릿이 만들어진 것은 1819년 프랑수와 루이 카이에에 의해서였다. 그는 이탈리아 행상들이 취급하고 있던 초콜릿을 맛보게 되는데 그 맛에 감격하여 자신이 브베에서 제조를 시작했다고 한다. 또 오늘날의 한 입 크기의 초콜릿 즉 봉봉 오 쇼콜라 Bonbon au chocolat (초콜릿 봉봉)의 원형인 퐁당 쇼콜라는 1820년대에 마찬가지로 스위스의 루돌프 린트 Rodolphe Lindt에 의해 만들어졌다.

그는 초콜릿 역사상 위대한 공적을 남겼다. 즉 그때까지의 초콜릿은 알갱이가 거칠어서 입안에서 잘 녹지 않았다. 이것을 장시간 저어서(콘칭) 부드럽게 만든 후 카카오 버터를 첨가해서 그때까지 없었던 입안에서 살살 녹는 맛을 만들어 내는 데 성공했던 것이다. 그리고 1842년에 처음으로 캐드버리 Cadbury사의 정가표에 이팅 초콜릿이란 명칭이 등장했다.

한편 초콜릿의 변혁에 있어서 키포인트가 되었던 것은 수많은 재료와 조제법과의 만남이었다. 예를 들어 장 토블러 Jean Tobler는 꿀 등을 초콜릿에 섞는 데 성공하여 진보를 촉진시켰다. 한편 앙리 네슬레가 콘덴스 밀크를 개발했는데 초콜릿은 이것을 계기로 빠른 속도로 현대풍 초콜릿에 가까운 형태로 발전한다. M 다니엘 피터라는 청년은 초콜릿 업계의 리딩컴퍼니였던 카이에가문의 장녀 파니 카이에와 인연을 가지면서 초콜릿에 흥미를 가지게 되었다. 그래서 네슬레사의 도움을 얻어 콘덴스 밀크와 초콜릿을 결합시켰다. 이렇게 하여 1876년 최초의 고형 밀크 초콜릿이 탄생하게 되었다.

한편 미국에는 네덜란드인이 초콜릿을 들여왔다고 한다. 1765년에는 존 하논이라고 하는 사람이 영국에서 보스턴으로 와서 초콜릿 장사를 시작했다. 이것을 계기로 초콜릿은 확산되기 시작해 19세기 중반에는 도밍고 기라델리가 샌프란시스

여러 형태의 초콜릿

코에 초콜릿 공장을 세우고 대성공을 거두었다.

　오늘날까지 판형 초콜릿으로 잘 알려진 허쉬도 모습을 나타냈다. 1900년에 허쉬는 펜실베니아주의 데리 처치 Derry Church 에 공장을 만들고 다음해부터 생산을 개시했다. 그리고 순식간에 급성장을 해 오늘날에 이르고 있다.

초콜릿과 코코아

　일본에서는 초콜릿과 코코아를 구별하고 있지만 유럽에서는 오늘날에도 그 명칭만으로는 먹는 것, 마시는 것의 구별이 명료하지 않다. 실제로 프랑스의 카페에서 일본에서 말하는 코코아를 마시고 싶을 때에는 '쇼콜라'라고 주문해야만 한다. 그러나 코코아 분말만을 가리킬 때는 '카카오'라고 부르고 이른바 초콜릿은 역시 '쇼콜라'라고 하니까 조금 헷갈린다.

　코코아란 원래 카카오의 변형된 발음이다. 카카오가 전래된 시기까지 거슬러 올라가면 스페인 사람들이 갖고 돌아간 그것은 현지의 발음을 흉내 내어 카카오라고 불렸다. 이 명칭은 널리 유럽에도 알려져 확산되었는데 영국인들만은 이 명칭에 익숙해지지 못했다. 결국 그들에게는 카카오라는 명칭이 목구멍에서 막히는 것 같아서 발음하기 힘들었던 것이다. 그래서 그들 나름대로 발음하기 쉽게 코코아로 변형시켰다고 한다.

오늘날의 코코아는 카카오빈즈에서 카카오버터를 추출하고 남은 것을 분쇄하여 만든 것인데 이것은 1876년 네덜란드의 반호텡이 고안해 낸 것이다. 이후 반호텡은 코코아의 대명사로 통했고 세계에 그 이름을 알렸다. 이러한 내용을 봐도 알 수 있듯이 초콜릿도 코코아도 알고 보면 같은 것으로 먹는 것이든 마시는 것이든 그 원료는 같다.

초콜릿의 일본 상륙

일본에 초콜릿이라고 하는 것이 들어온 것도 마찬가지로 같은 시대 18세기 후반 즈음으로 보인다. 다른 서양과자(南蠻菓子)와 마찬가지로 나가사키(長崎)를 통해 들어온 것 같다. 전해지는 자료에 의하면 간세이(寬政) 9년(1797년) 나가사키 마루야마(丸山)의 유녀(遊女)가 팁으로 받은 물품 목록에 '커피원두 한 상자, 초크라토' 등이라고 기록되어 있다. 이것은 아마도 네덜란드인이나 그 외의 외국인에게 받은 커피와 초콜릿(코코아)일 것이다.

또 에도(江戶)시대의 의서(醫書)에는 '배양(培養)이 풍부하고 차, 커피 등에 비하면 훨씬 더 우수한 것이며 상당히 바람직한 종류이다.'라고 추천하고 있고 그 효능에 대해서

제1 사람의 수면을 절제하게 해 주는 것

제2 마음을 밝게 하고 생각을 민첩하게 하는 것

제3 근골 운동을 촉진시키는 것

제4 다음날 피로를 느끼지 않는 것

이라고 쓰여 있다. 배양이란 영양을 의미하며 차, 커피와 비교하고 있는 것으로 보아 분명히 고형이 아니라 코코아음료라는 것을 알 수 있다.

일본에 최초로 기계화된 초콜릿공장이 세워진 것은 다이쇼(大正) 7년(1918년)으로 모리나가(森永)제과의 다마치(田町)공장이었다. 메이지(明治)제과는 조금 후인 다이쇼 7년에 일관생산을 할 수 있게 되었다.

아이스크림의 발전

프랑스에서는 루이 14세와 15세 즈음, 이른바 17세기 후반에서 18세기에 걸쳐 궁정에서 글라스(氷菓) 전문 전속요리사를 고용해서 크림을 더하거나 다양한 맛을 첨가한 것을 만들게 했다. 파리시에서는 이미 일반인들을 상대로 시판하고 있었던 것 같은데 그렇다고는 해도 아직은 겨울 동안에 한정된 것이었다.

악성(樂聖)이라 불리는 베토벤의 일기에는 '빈에 정착하게 되었는데 올 겨울은 따뜻해서 얼음이 적어 아이스크림을 먹지 못하는 것이 아닐까 걱정이다.'라고 쓰여 있다. 아이스크림이 시민들에게까지 확산되었다는 것을 엿볼 수 있는 대목이다. 드디어 냉동보존 방법이 고안되어서 1750년경에는 프로토손이라는 사람에 의해 1년 내내 팔리게 되었고 그 후 더욱 빠르게 일반화되었다.

18세기 말엽에는 프랑스의 크라루몬 Cralemont이라는 사람이 런던에서 『달콤한 얼음 제법』이라는 책을 썼는데 이 무렵이 되면 품질도 좋고 종류도 풍부해져서 앙트르메로서의 빙과가 완성되어 간다. 봄브 글라세 Bombe Glacé라고 하는 포탄(砲彈)모양 아이스크림이 대유행했던 것도 같은 시기로 정식 만찬 메뉴에 그 위치를 확립했다. 또 같은 시기 영국의 식민자들을 통해 신대륙 아메리카에도 전해졌다. 일설에 의하면 영국의 알렉산더 해밀턴 Alexander Hamilton 부인이 소개했다고 전한다.

또 당시의 대통령 조지 워싱턴이 그의 장부에 1748년 5월 17일자로 아이스크림 기계를 구입했다고 기록하고 있다. 이것은 빙과가 미국에서 기계화의 첫발을 내딛었다는 것을 의미하는데 실질적으로는 아직 가정에서 만드는 경우가 더 많았던 것 같다. 아이스크림이 미국에서 급속하게 확산되었던 것은 19세기에 들어서부터이다.

아이스크림 케이크

기계도 그 후 다양하게 개량되면서 점차 현대의 기계로 발전되어 갔다. 그때까지는 흔들어서 움직이는 것이었는데 1846년에 낸시 존슨부인이 용액을 밀봉할 수 있는 용기에 넣어서 핸들로 회전시키는 방법을 고안해 냈고 그 후 윌리엄 영이라고 하는 사람이 이 용기 속에 교반기를 다는 등 다양하게 개량되었다.

19세기 후반에 들어서면서 급속하게 아이스크림류의 기업화가 진행된다. 1867년에 독일에서 제빙기가 발명되는 등 낙농의 발달과 냉동기술의 진척이 결합되어 단숨에 양산체제가 추진되어 갔다. 특히 미국에서의 기계화는 놀라울 정도로 근대 아이스크림을 논함에 있어서 미국을 빼고는 불가능할 정도이다. 그리고 후에 아이스크림은 '미국의 국민음식'이라고 불릴 정도로 발전을 이룩한다. 이렇게 해서 이탈리아에서 계승된 유럽식과 양산시스템의 미국식으로 글라스(빙과)는 양분되어간다.

금세기로의 중개 역할

전체적인 상황으로 다시 이야기를 돌려보면 18세기 후반부터 19세기 초반에 걸쳐 우선 영국에 산업혁명이 일어난다. 이 여파는 점차 각지로 파급되어 수공업은 기계공업으로 이행되어 간다. 과자산업도 이에 따라 점차 공업화의 길을 걷게 된다.

16세기 말엽에 사탕무를 원료로 설탕 만드는 법을 발견하게 되었고 도항술의 발달과 더욱 활발해진 식민지정책으로 인하여 그 전에 비해 상당량의 설탕이 유통되게 되었다. 그러나 일반가정에 보급된 것은 나폴레옹전쟁 후이다. 결국 나폴레옹의 대륙봉쇄를 계기로 유럽에 설탕이 들어오지 않게 되었고 이것을 계기로 갑자기 사탕무 재배에 힘을 쏟게 되었던 것이다. 그러나 이것이 바로 순조롭게 진행된 것은 아니었다. 사탕무 생산이 궤도에 오른 것은 19세기 중엽으로 점차 공업화되었고 이에 따라 콩피즈리(당과)와 비스킷, 초콜릿 등도 널리 보급되어 갔다. 그렇지만 프랑스를 비롯해 전 유럽에 풍부하게 골고루 보급된 것은 겨우 금세기에 들어서이다. 또 전분, 물엿 등도 사용되기 시작했고 파티스리, 콩피즈리, 글라스 전문점도 나왔고 모든 분야에 있어서 오늘날의 형태가 갖추어지기 시작했다.

여기서 그동안의 사회적 배경에 대해 잠깐 설명해 두고자 한다. 프랑스는 혁명 후 시민에 의한 제1공화제가 선포되었지만 정치는 여전히 불안정했고 그러한 혼란 속에서 나폴레옹이 등장하여 통일시킨다. 이것을 제1제정(1804년~1814년)이라고 부르는데 이것도 겨우 10년 만에 붕괴되어 버린다. 1814년 9월에 나폴레옹 후의 유럽재건을 둘러싸고 빈회의가 열렸다. 오스트리아의 재상이었던 메테르니히, 러시아 황제 알렉산드르 1세, 영국의 웰링턴공작 및 외상이었던 캐슬레이자작, 프로이센의 재상 하르덴베르크 등 승전 4개국을 상대로 프랑스는 외상이었던 탈레랑의 활약으로 회의를 능수능란하게 리드해 간다. 그 결과 모든 것이 혁명 이전의 상태로 되돌아가는 이른바 정통주의가 채용되었다.

그 후 프랑스는 7월혁명에서 루이 필립을 옹립하여 왕정복고, 그리고 2월혁명으로 제2공화제(1848년~1851년), 또 다시 쿠데타로 인해 나폴레옹3세가 옹립되어 제 2제정(1852~1870년)이 된다. 빈회의 후 홀랜드(네덜란드의 옛이름)는 오스트리아 령 벨기에를 합병하고 네덜란드라고 칭하게 된다. 그러나 두 지방은 조화를 이루 지 못했고 7월혁명을 경계선으로 벨기에가 독립을 선언하고 영세중립국이 되기에 이른다. 한편 이 빈회의와 관련해서 희대의 명과라고 불리는 자허 토르테의 이야 기가 전해지고 있다.

자허 토르테 Sacher Torte

일설에 의하면 자허 토르테는 나폴레옹전쟁 후 체제를 안정시킬 목적으로 열린 빈회의 때 "지금까지 아무도 먹은 적이 없는 것을 만들라."는 메테르니히의 명을 받아 제과인 에르바르트 자허가 만든 것이라고 한다. 그러나 조사해 보면 이것은 그의 아버지의 프란츠 자허가 16세 때인 1832년에 만든 것이다. 덧붙여 말하면 에 르바르트는 프란츠의 차남이다. 빈회의가 개최되었던 것은 1814~15년이므로 만든 사람도 다르고 그 연도도 일치하지 않는다. 이야기로는 재미있는 게 사실이지만 사

람들 입에서 전해 내려오 는 이야기일 뿐이다. 흔히 그렇듯이.

에르바르트 자허는 44 년 후인 1876년에 자허호 텔을 열고 그의 아버지 프란츠가 만든 자허 토르 테를 호텔의 명물로 만들 었다. 그러나 1830년대에 들어 경영이 어려워지자

자허 토르테 Sacher Torte *(빈, 자허호텔 제조)*

빈의 호텔 자허

같은 시내에 있는 데멜과자점에 원조를 청한다. 이러한 인연으로 비밀에 붙여 졌던 자허 토르테의 제법이 유출되어 데멜에서도 같은 과자가 같은 이름으로 판매되게 되었다. 이에 대해 호텔측은 이를 금지하기 위해 재판을 하게 된다.

　7년, 9년, 혹은 10년의 긴 싸움 끝에 1962년 드디어 판결이 났다. 양쪽 모두 이 과자를 만들어도 좋지만 오리지널 자허토르테는 호텔측이 가지고 데멜은 자허 토르테로 판매하라는 결정이 내려졌다. 아직도 그 싸움에 대해서는 '자허의 딸이 데멜의 자식과 결혼해 그 만드는 법이 전해졌다. 그리고 호텔측이 데멜을 고소했다.'라는 이야기가 항간에 전해지고 있다.

각본상으로는 명백하게 들리지만 실제로는 좀더 현실적인 싸움이었다. 어쨌든 그 후 이번에는 호텔을 도왔던 데멜과자점의 경영이 나빠져 갔다. 1990년대에 들어설 즈음이었다. 그러자 시(市)가 원조에 나섰다. 빈의 명물이 사라지는 것을 원하지 않았던 시민들의 압력 때문이었다. 그래서 재건책의 하나로 과자의 배합을 창업 당시의 레시피로 돌려 옛날의 레시피를 부활하게 했다.

오늘날에는 과거의 이런 싸움은 차치하고 자허호텔도 데멜과자점도, 양쪽 모두 본가로 여겨진다. 때문에 이 명과를 맛보려고 지금도 세계각지로부터 많은 사람들이 먼 길을 마다 않고 찾아오고 있다.

독일의 통일과 유럽

독일은 중세 이래 신성로마제국의 이름 하에 서유럽에서 최대의 영역을 차지하고 있었지만 실제로는 여러 연방국가의 집합체였다. 그 중에서 오스트리아와 프로이센이 나머지들을 통합해 가면서 통일로 향하고 있었다. 그런데 독일을 분열상태로 두는 것이 좋다는 프랑스와 대립하여 프로이센-프랑스전쟁이 일어난다. 이 결과 프로이센이 승리를 거두고 알자스, 로렌 지방을 할양하게 되었고 19세기 최대의 현안이었던 독일통일이 오스트리아를 제외하는 형태로 완성되었다.

한편 이 전쟁에서 패배한 프랑스는 제3공화제로 새롭게 발족하게 되지만 파리 코뮌(1871년)이라고 하는 피비린내 나는 사건을 경험해야만 했다.

이탈리아는 중세 이래 소국분립상태를 이어가고 있었지만 1815년 빈회의 이후 사실상 오스트리아의 세력 하에 놓이게 된다. 그러나 1848년 2월혁명 후 사르데냐 국왕을 중심으로 이탈리아의 통일을 향해 발걸음을 옮기고 있었고 1859년 오스트리아에게 선전포고를 했지만 1860년 결국 이것을 깨고 몇 가지 과정을 거쳐 1861년 이탈리아왕국이 건국된다.

바다 건너 영국에서는 산업혁명 후 지금까지 없었던 경제적 번영을 누리며 대영제국을 구축하고 전 세계에 자치령을 두기에 이른다. 북유럽국가들도 19세기부터 20세기 초에 걸쳐 각각의 국가를 확립하고 현대의 지도가 완성되어 간다. 이것은 또한 현대과자의 분포도이기도 하다.

IX.

현대

세련됨을 추구하는 시대

20세기. 과자도, 현대적인 국가의 확립도 거의 완성되었다. 20세기에 들어서 세계는 두 번에 걸친 전쟁을 경험했다. 이 불행한 기간을 거치면서 식문화뿐 아니라 세계문화의 교류도 그때까지 이상으로 활발해졌고 서양과 동양의 거리도 급격하게 줄어들었다. 인적, 물적, 경제적인 국제화가 진행되어 가고 모든 사회생활은 비약적으로 발전을 이룩한다.

문명사회에 들어서면서 먹을 것에 대해서는 거의 충족되게 되었고 현대인의 관심은 필연적으로 오로지 생활의 여가로 향하게 된다. 그러면서 주식 이외의 기호품으로서 과자가 클로즈업된다. 그리고 지금까지는 특권계급이나 유산자계급과 같이 한정된 사람밖에 향유하기 어려웠던 것들도 보다 서민들과 가까워지게 되었고 이전과 비교할 수 없을 정도로 서민의 일상생활 속에 녹아들게 되었다.

과자와 관련된 기술적인 사항에 대해서는 카렘 시대에 거의 갖추어졌다고 해도 과언이 아닐 정도지만 금세기는 이것들을 토대로 연구가 진행되고 기계화가 함께 병행되면서 보다 세련됨을 추구하는 시대라고 할 수 있다.

크림에 대한 고찰

과자류를 보면 대부분이 반죽과 크림으로 이루어져 있다는 것을 알 수 있다. 지금부터 그것을 구성하는 주역 중 하나인 크림류에 대해서 총괄적으로 살펴보고자 한다.

요즘 사람들이 가장 선호하는 생크림은 옛날에는 그대로 반죽에 섞어서 사용했지만 17,8세기 이후부터는 거품을 내게 되었고 이와 함께 다양한 맛과 향을 첨가하게 되어 오늘날에 이르고 있다. 또 크렘 파티시에르 (커스터드 크림)와 크렘 프랑지판이라고 하는 끓이는 크림도 17세기부터 등장하여 과자제작의 저변을 넓혀준 것에 대해서는 이미 앞에서 설명한 그대로이다.

한편 20세기에 들어선 이후 전 세기에 등장했던 버터크림이 주역을 맡게 된다. 언뜻 생각해 보면 버터크림은 오랜 옛날부터 존재했던 것처럼 생각되지만 등장한 지 고작 100년 정도 밖에 되지 않았고 크림류 중에서는 가장 새로운 부류에 들어간다고 할 수 있다. 불과 얼마 전까지만 해도 유럽에서나 일본에서 버터크림은 전성기를 누렸다. 그러나 이것도 이미 지났고 바야흐로 지금은 또 다른 크림류가 인기를 누리고 있다. 세상의 변화, 미각 변화의 추이를 보고 있으면 놀라울 따름이다.

냉장기술의 진보

제조 면에 있어서는 각종 기계화가 진행되었고 일 자체에 대해서도 상당 부분 합리화가 진행되었다. 이런 가운데에서도 주목할만한 것은 뭐니 뭐니 해도 냉장냉동기술의 발달과 보급일 것이다. 그동안 오래 보존할 수 없어서 판매와 제공에 곤란을 겪었던 것도 냉장 쇼케이스 등의 개발을 통해 놀라울 정도로 간단해졌다. 동시에 각 가정에도 냉장고가 보급되면서 사람들도 안심하고 이런 것들을 살 수 있게 되었다.

사회의 안정과 함께 생활의식도 높아졌다. 경제적 향상도 식생활의 발전에 박차를 가하게 된다. 보다 맛있는 것, 보다 신선한 것을 추구하여 냉장기술은 더욱 발전하고 지금은 저온유통시스템이 상식이 되어버린 시대에 이르게 되었다.

냉동기술과 관련해서는 최근에 쇼크프리저 연구가 활발하게 진행 중이다. 예를 들어 대상물에 따라 달라지기도 하지만 영하 40도 전후의 냉기를 쏘아서 30분 이내에 표면온도를 영하 8도 정도까지 떨어뜨리고 그 후에 영하 20~30도 상태에서 저온보존하게 되면 단백질의 노화가 거의 일어나지 않는다. 이것은 기존의 냉동식품에 대해 이러쿵저러쿵하던 평판을 완전히 뒤집는 것이고 또 이해하기에 따라서는 만든 지 좀 지난 것을 제공하기 보다는 완성된 직후의 것을 순간적으로 동결시켜서 가능한 한 최상의 상태로 제공하는 편이 오히려 좋다고 할 수도 있을 것이다.

또 신선도 이외에도 더 큰 이점이 있다. 그것은 노동시간의 평균화이다. 예를 들어 보존이 어려운 제품을 중점적으로 취급하고 있는 양과자점 등에서는 당연히 매일의 판매량이 달라지기 때문에 생산량도 이에 따라 달라져서 필요한 노동시간과 필요 인원수가 일정하지 않고 불규칙하다. 그러나 이 쇼크프리저를 도입함으로써 생산하는 종류, 개수, 인원을 필요에 따라 조절할 수 있고 그 평균화를 꾀할 수 있게 된다. 잔업시간의 해소와 여분의 인력을 확보해야 할 필요가 없어지게 되면서 기업의 입장에서는 이 이상 이점이 없을 것이다. 만드는 사람에게도 소비자에게도 이렇게 이점이 많다면 앞으로도 계속 활용되어 갈 것이다.

무스 Mousse의 석권

미각에 대해 살펴보자. 과자를 포함하여 식문화와 관련된 모든 것이 시대와 함께 변화한다. 종래에는 농후한 것을 좋아했다면 현대의 기호는 보다 산뜻한 것을 좋아한다. 혀에 닿는 감촉이 좋고 위에 부담을 주지 않는 것으로 옮겨가고 있다. 이러한 시대의 요구에 대하여 파티스리와 관련해 보면 무스계통의 과자가 주목받고 있다.

무스 Mousse란 프랑스어로 '이끼'란 의미와 '거품'이라는 의미를 갖고 있다. 과자의 경우에는 후자를 취한 것인데, 어쨌든 이끼처럼 부드럽고 거품처럼 가벼운 과자다. 부드럽게 만들어 주는 소재로는 많은 기포를 갖고 있는 머랭과 거품을 낸 생크림이 있고 이것을 주체로 하여 각종 맛을 첨가한다.

지금까지는 과자를 만들 때 보형성을 부여하기 위해 굽거나 찌거나 삶는 수법을 취해 왔다. 그런데 최근에는 앞에서도 설명했듯이 냉각수단이 진보했고 과자 제작의 폭과 영역도 크게 넓어졌다. 무스를 비롯해 지금까지 굳히는 것이 힘들었

다양한 무스 케이크

거나 굳히기 위해서 시간이 필요했던 것들도 쉽게 제작할 수 있게 된 것이다. 식혀서 굳힌 것이기 때문에 상온에 두거나 입 안에 넣으면 금방 부드러워진다. 바로 이것이 현대인이 추구하는 취향, 미각, 감각에 딱 맞아떨어지는 것으로 이러한 경향을 갖는 것을 중심으로 한 과자군을 누벨 파티스리 Nouvells Pâtisserie(새로운 경향의 과자)라고 부를 정도로 오늘날 유행하고 있다. 또 다른 분야의 과자도 배합의 조합 등 원점으로 돌아가서 아카데믹한 분석이 진척되고 있어서 모든 분야의 재평가가 이루어지고 있다. 특히 두드러진 발전을 이룩한 독일을 중심으로 그러한 경향이 현저하다.

누벨 파티스리 Nouvells Pâtisserie

최근 들어 갑자기 누벨 파티스리라고 하는 것이 많이 거론되고 있고, 이것과 관련해 다양한 해석이 이루어지고 있다. 앞의 내용과 다소 중복되긴 하지만 여기서 다시금 총론적으로 정의를 내려 보고자 한다.

시대가 변하면 사람들의 생활도 변한다. 또 이와 함께 과자를 포함한 모든 먹거리도 시대와 함께 변화하고 대응해 간다. 요리 분야에 있어서도 폴 보퀴스와 트루아그로 형제를 기수로 한 현재의 누벨 퀴진 Nouvelle Cuisine(새로운 요리)이라고 하는 경향이 식(食)의 세계를 석권하고 있다. 이른바 음식 세계에 있어서의 누벨바그다.

그들이 제창한 바에 따라 논해 보면 아래와 같다. 즉 먹거리는 문화이다. 당연히 시대의 변화에 대응해 간다. 유명한 거장 에스코피에 등이 구축한 프랑스요리는 그 위대함에 대해서는 세상 사람들에게 크게 인정을 받았고 이 사실은 결코 부정할 수 없다. 그러나 이것은 어디까지나 그 시대가 요구했고 또 그에 대해 노력하여 대응해 간 것이다. 시간이 지난 지금은 주위의 상황도 당시와는 비교할 수 없을 정도의 변화를 보이고 있다. 그렇기 때문에 현대에는 현대의 요구에 빠르게 대응하는 요리법이 있어야 한다는 것이다.

생각해 보면 현재 우리들의 사회생활은 일반적인 수준에서 보면 신체를 움직이는 일이 매우 줄어들었다. 극단적인 이야기일지도 모르지만 남자 대 남자로 싸우는 일도 사라지고 있다. 물체의 이동에 있어서도 자동차라고 하는 문명의 이기를 이용하고 있다. 목적지에 도착하면 리프트가 필요한 층까지 순식간에 옮겨준다. 걷는 것조차도 매우 기형적이라고 할 수 있는 만보계 따위를 가지고 강제적으로 하거나 자발적으로 조깅을 해야만 하는 시대이다.

이런 시대이기 때문에 종래의 정통파 프랑스 요리는 너무 무겁다. 또 양적으로도 너무 많고 작아진 위장에 어울리지 않는다. 게다가 교통수단의 발달로 인해 질적인 변화가 크게 가능해졌다는 점도 누벨퀴진이 등장한 배경이다.

교통의 발달이 미숙했던 시대에 특히 내륙에 있는 문화의 중심, 꽃의 도시 파리에 지중해 연안과 대서양 연안의 해산물이나 알프스 산록의 야생 조류 등을 운반하는 것은 매우 힘든 일이었다. 며칠씩 걸리기 때문에 시간이 지남에 따라 순식간에 신선도가 떨어지고 어떤 것은 상당히 부패가 진행되고 부득이하게 변질되기도 했다. 따라서 이러한 것들을 보다 맛있게 제공하기 위해 다양한 조리법이 개발되었다. 굽고 찌고 조리는 구체적인 수법, 또 많은 조미 향신료, 농후한 소스류 등이 개발되었다. 그리고 이런 것들이 예술의 경지로까지 발달하여 나아가서는 세계에서 으뜸가는 프랑스요리의 명성을 높이기에까지 이르렀던 것이다. 물론 이것이 전부는 아니겠지만 이러한 진전에 크게 관여했다는 사실에는 의문의 여지가 없다.

되돌아 와서 우리는 현재 필요한 것은 뭐든지 금방 손에 넣을 수 있다. 멀리 떨어진 바다에서 잡은 것도 당일에 파리에서 맛볼 수 있다. 이렇게 된 후 조리법에도 큰 변화가 일어난다. 결국 '생(生)' 또는 이에 가까운 상태가 맛있다고 인정받게 되었고 굳이 복잡한 절차를 거치지 않더라도 그 상태에 맞게 조리하여 제공하는 편이 낫다고 하는 생각으로 바뀐 것이다. 특히 해산물에 관해 말하자면 일부는 회와 초밥에서 볼 수 있듯이 일본요리의 영역에 가까워졌다고도 할 수 있다. 다른 식재료에 대해서도 비슷한 경향이 대세이다. 그리고 제공하는 방법도 어떤 경우에는 다품종 소량이라고 하는 이른바 일본에서 예부터 전해 내려오는 가이세키(懷石)요리 풍의 스타일까지도 채용하게 되었다.

즉 위의 내용을 요약해 보면 종래에는 양이 많으면서 농후한 미각이었다. 그러나 현대의 취향은 보다 산뜻하고 입에 닿는 감촉이 좋으며 부담을 주지 않는 것으로 옮겨가고 있다. 그리고 이런 시대의 요구에 부응하기 위해 다양한 기법으로 만든 요리가 요즘 말하는 누벨 퀴진이라고 하는 것이다.

그럼 과자의 세계로 눈을 돌려보자. 그야말로 앞에서 서술했던 것과 같은 경향을 거의 답습하고 있다고 할 수 있다. 전체적인 섭취량의 감소, 저당, 저칼로리가 요구되고, 이러한 요구에 입각한 과자를 필요로 하게 되었다. 이런 경향, 흐름을 누벨퀴진이라 하고, 과자의 세계에서는 누벨 파티스리 Nouvells Pâtisserie(새로운 과자)라고 부른다.

가벼운 맛을 선호하는 현대인

현대인은 앞서 서술했듯이 소량섭취를 하는 체질이 되었고 여기에 맛있는 음식에 둘러싸여 있는, 이른바 지나치게 풍족한 포식상태에 있다. 따라서 이런 사람들에게 만족감을 주기 위해 내놓는 과자 역시 당연하게도 보다 가볍고 보다 혀에 닿는 감촉이 좋고 위에도 부담을 주지 않는 것이어야 한다. 그리고 이러한 것들을 갖춘 그룹들을 이른바 누벨 파티스리라고 부른다.

구체적으로 가벼움에 있어서는 압도적으로 무스 계통이 중심이다. 그 외에는 바바루아, 블랑망제, 파르페 나아가 미세한 기포를 갖는 비스퀴 반죽, 가벼운 자포네계통의 반죽 등을 들 수 있다. 냉각 수단의 현저한 진보로 무스류 등의 과자 제조는 과거보다 훨씬 용이해졌다. 냉각응고시키기 때문에 입에 넣으면 금방 부드러워진다. 이것은 현대인들이 요구하는 취향에 일치하는 것이다.

바바루아류에 관해 살펴보면 반죽자체는 무거운 부류에 속하는 것이지만 혀에닿는 감촉, 혀에서 녹는 느낌이 산뜻하다는 점에서 누벨 파티스리로서의 조건을충족시키고 있다고 할 수 있다.

여기서 역사를 되돌아보면 그야말로 흥미진진한 사실을 접할 수 있다. 현대에 가장 가까운 과거에 최대의 영화를 자랑한 것은 부르봉 왕가의 루이 왕조였다. 이 시기는 주변 국가들로부터 식문화를 포함한 다양한 문화가 봇물 터지듯이 프랑스로유입된 시기였다. 따라서 이를 계기로 세상에서 말하는 프랑스요리·프랑스과자가확립된 것이다. 그리고 당시의 계보를 직접 이어받아 상세하게 정리하고 통합시켜서 현재에 전해준 것은 거장 앙토넹 카렘이었다.

프랑스혁명 직전은 그야말로 문화가 무르익었던 시기였다. 현대에 전해지고 있는대부분의 요리와 과자가 이 시기에 갖추어졌다고 해도 과언이 아닐 것이다. 이 시대를 살았던 카렘은 많은 저서를 남겼다. 그리고 그 저서에는 지금도 큰 인기를 구가하고 있는 누벨 파티스리의 대표작과 같은 샤를로트와 블랑망제, 여러 종류의 바바루아, 젤리, 무스 등이 소개되고 있다. 현대의 요구를 충족시키는 과자들이 이렇게나 많았다.

포식의 시대

'포식의 시대'란 무엇을 의미하는 것일까? 결국 당시의 수준 높은 식문화를 향유할 수 있었던 것은 왕후귀족을 포함한 일부 특권계급에 한정된 것이었다. 그들은 날마다 풍요로운 식탁을 차렸고 이른바 포만상태에 있었다. 이런 사람들의 식욕을 더욱 돋우기 위해 열심히 연구에 매진했던 것이 요리사, 제과인들이었다. 그들은 당연한 귀결이지만 보다 가볍고 입에서 녹는 느낌이 좋고 위에도 그다지 부담을 주지 않는 부드러운 디저트를 만들어내기 위해 노력했던 것이다.

단, 냉각수단이 만족스럽지 않았기 때문에 당시의 것은 보형성을 부여하기 위해 젤라틴 양을 현재보다 상당히 많이 사용했고 또 더 달게 만들수록 사치스러움을 향유할 수 있는 시대였기에 굉장히 달아야 했다.

한편 현재를 살아가는 우리는 어떠한가? 특히 식문화에 관해 말해보면 그야말로 옛날 귀족계급 부럽지 않은 환경에 있다. 즉 풍요 그 자체이다. 맛있는 것은 지나칠 정도로 많이 있고 대가만 지불하면 손에 들어오지 않는 것이 없다. 또 그러면서도 디저트로서 역시 보다 가볍고 입에서 녹는 느낌을 선호한다. 이런 조건을 충족시키는 데 좀 전에 설명했던 냉각수단의 발달과 내실화도 큰 역할을 했다는 것을 다시 한번 기억해 주기 바란다. 구워서 만드는 과자가 맛있다는 사실을 부정하는 것은 아니지만 혀에 닿는 감촉에 있어서는 생(生)에 가까운 것이 우선이다. 이 점에서도 무스와 바바루아 등은 딱 맞아 떨어진다.

또 소재적인 면에서 보면 '새로운 과자'이기 때문에 과거에 없었던 것, 구하기 어려웠던 것, 예를 들어 열대과일 등을 많이 사용한 것 등도 누벨 파티스리 그룹에 속한다. 그리고 더 추가하자면 기존 소재의 새로운 조합을 통해 과거에 없었던 것을 만들어 내는 것 역시 새로운 수법으로서 그 범주에 넣을 수 있다.

　여기서 한 가지 독자 여러분께 양해를 구하고 싶은 것이 있다. 누벨 파티스리를 단순히 문학과 같이 '새로운 과자'로 번역하고 그것을 직역한 그대로의 의미로 한정시켜 버려서는 안된다는 것이다. 물론 새로운 것도 포함되지만 카렘의 고전에서 볼 수 있듯이 설령 오래되거나 전통적인 것이어도 그것이 현대인의 기호에 맞도록 만들어졌다면 그것이 곧 누벨 파티스리인 것이다.

X.
서구 국가들의 현황

그럼 지금부터는 현 시점 유럽 국가들의 개별적인 상황을 살펴보도록 하자.

프랑스

20세기 초는 벨 에포크 Bell epoque라고 불리는 아름다운 시대였지만 곧 제1차 세계대전, 이어 제2차 세계대전에 휩쓸리게 되었고 현재에 이르고 있다.

지금까지의 역사의 흐름에 입각해 보면 프랑스라는 나라는 외부로부터 다양한 영향을 받아서 성립되어 왔다는 것을 알 수 있다. 이런 주변으로부터의 문화의 집적이 이른바 프랑스과자라는 것을 완성시켰고 노력과 시간을 거듭한 결과 결국에는 이것을 확고한 전통으로까지 키워냈다. 이것이 미식의 나라라고 불리는 이유이다. 그리고 지금 또 누벨 파티스리라고 하는 새로운 흐름의 과자류를 내걸고 새로운 전통을 만들기 위한 발판을 구축하고 있다. 그리고 철저하게 과자 세계의 중심임을 자부하고 있다.

그렇지만 초콜릿과자에서 볼 수 있듯이 콩피즈리(당과)에 관해서는 이웃나라 스위스와 벨기에에 한 발 양보하고 있고 또 아카데믹한 분야에 있어서는 독일에게 추월당하고 있다. 이 분야에 현재 다른 나라가 따라잡기 위해 열심히 노력을 거듭하고 있고 또 이것이 빠른 속도로 결실을 맺어가고 있다.

디자인 등의 표현력에 대해서는 때로는 사실적으로 때로는 환상적으로 본래의 프랑스인다움을 잘 드러내고 있지만 그래도 최근에는 심플한 경향을 추구하고 있다. 단맛에 대해서는 줄여나가는 세계적인 경향에 따라 예전만큼 달지 않게 만들고 있다. 그러나 우리의 담백한 입맛에서 보면 아직 단맛이 강한 편이라고 할 수 있다.

독일

두 차례에 걸친 세계대전에서 모두 주역이었던 나라, 결과는 어찌되었든 역시 그 정도의 저력은 있는 나라라고 할 수 있다.

지금까지 식문화에 관해서는 다른 나라와 비교해 봤을 때 국가적인 통합의 문제도 얽혀서 이렇다 할 공헌 없이 변두리 상태에 만족해야만 했다. 그러나 제2차 세계대전 이후 특히 최근에는 눈부신 진보를 달성했다. 과자는 물론이거니와 식문화 전반에 관해서도 마찬가지지만 여기에는 국민성이 매우 잘 반영되어 있다.

독일인들은 사물을 과학적으로 분석하는 것에 능하고 이것은 과자에 관해서도 마찬가지이다. 화학적인 분야를 추구하는 아카데믹한 분석과 파악, 배합의 조합 등에서 한 발 앞서 있다. 표현력에 있어서도 프랑스인과 같이 화려하게 흘러가는 듯한 장식은 하지 않는다. 어떤 것을 표현할 경우에도 어떻게 하면 그것을 디자인화할 것인가에 노력을 경주한다. 이렇게 이지적이고 철저한 고려를 통해 탄생한 근대감각에 넘치는 장식은 훌륭하다는 평가와 많은 공감을 불러일으키고 있다.

또 명과라고 불리는 바움쿠헨 등에서도 볼 수 있듯이 대체로 어떤 것이든 꾸밈 없고 성실한 독일다움이 전해져 오는 것 같다. 미각적으로는 역시 가벼운 쪽으로 움직이고 있다. 역사적으로 본 프랑스과자와의 가장 큰 차이점은 타르트와 토르테의 차이에서 이미 설명한 바와 같다. 그리고 이것이 그대로 현대로 계승되고 있고 지금도 여전히 전체적으로는 독일의 파티스리에서 토르테가 주류를 이루고 있다.

이탈리아

로마 이래 긴 역사를 이어온 것에 비하면 메디치가(家)에 의한 일시적인 안정을 제외하고는 항상 국가로서 통합되어 있지 않아 혼란스러웠고 다른 나라의 지배 하에서 완전히 벗어나지 못했었다. 그러나 사보이왕가가 1861년에 드디어 통일을 하게 된다. 그때까지는 교황령과 중소왕국, 공국(公國), 공화국 등이 존재했고 각각의 독자적인 문화와 전통을 가지고 있었다.

현재도 남에서 북까지 길게 뻗은 땅에 다양한 특징과 성질이 존재하고 있다. 그리고 그러한 것들은 모두 상이한 취향을 갖고 있으면서도 전체적으로 통합해 보면 하나의 개성이 강한 형태를 만들어 내고 있다. 그야말로 이탈리아인 그 자체를 보는 것 같은 느낌이 든다.

현대에 칭송받고 있는 프랑스과자도 그 원류를 찾아보면 대부분이 다른 나라에서 이입된 것들이다. 그리고 그 대부분이 이탈리아에서 온 것이다. 즉 이탈리아는 근대과자의 형성에 있어서 중추적인 역할을 해 왔다.

'먹는 것'에 관해서는 누구보다도 열심인 그들이지만, 라틴계 중에서도 특히 밝고 구애받지 않는 성격이 발목을 잡은 탓인지 이러한 것들의 계통을 정리하고 발전시키지 않아 프랑스와 현대 독일 등에 뒤처지고 말았다. 그리고 그 후에도 근대국가로서의 국력이 잘 신장되지 않았던 점도 발전에 브레이크가 걸린 가장 큰 요인이라고 할 수 있다. 그러나 라틴계의 눈부신 아름다움은 특히 로마 이북에서의 프티 푸르 등에서 인정받고 있다.

이 외에도 로마시대 줄리어스 시저 이래의 역사를 갖는 빙과는 훌륭하게 계승되어 지금도 이탈리아의 아이스크림과 셔벗류는 세계에서도 정평이 나 있다. 게다가 비스퀴 아 라 퀴이예르와 마카롱 등 다 열거할 수 없을 정도의 많은 과자를 세상에 내놓았고 확산시켜 왔다. 그러한 전통은 지금도 착실하게 계속 이어지고 있다. 또 유럽의 과자업태는 대체로 소인원 1점포주의를 택하고 있는데 이탈리아에서는 모타 Motta 및 알레마냐 Alemagna라고 하는 2대 제조업체에 의해 과점화가 진행되고 있다. 이러한 점은 기업형태 면에서는 미국, 일본과 거의 비슷한 경향을 보이는 것이며 유럽에서는 이질적인 방향이라고 할 수 있다.

스위스

깊은 산과 아름다운 호수를 갖고 있는 동화의 나라 스위스. 지리적으로도 프랑스, 독일, 이탈리아 3국에 둘러싸여 있기 때문에 당연히 과자도 이 3국의 영향을 강하게 받고 있다. 즉 프랑스 과자, 독일 과자, 이탈리아 과자 각각의 특징을 잘 받아들였고 그러면서도 그러한 것들과는 선을 긋는 '스위스 과자'라고 하는 하나의 훌륭한 작품을 만들어 냈다.

스위스라고 하면 시계를 떠올릴 정도로 스위스인들은 원래 착실하고 섬세한 것을 좋아하는 손재주가 많은 국민성을 갖고 있다. 이러한 성격과 옛날 독일의 대제공(大諸公) 합스부르크가(家)로부터 독립을 이룩한 이후 자유를 추구하는 혁신적인 풍토가 어우러져 스위스의 과자는 다른 나라에서는 볼 수 없는 매우 세련된 형태이다.

지금은 세계에서 기술적으로나 감각적으로나 가장 선진적이라는 평가를 받을 정도이다. 그러나 그 반면에 너무 세련된 나머지 오히려 인간적인 따뜻함이 결여되었다는 평가도 있다. 또 국토의 대부분이 산과 넓은 산림으로 뒤덮여 있어서 목축업도 발달되어 있고, 여기서 훌륭한 유제품이 나온다. 기후적으로도 습하거나 눅눅한 날이 없다. 이런 좋은 조건 하에서 초콜릿 산업이 크게 발달했다. 그리고 섬세함에 있어서도 벨기에와 쌍벽을 이루고 있다고 해도 과언이 아니다.

현재 슈샤드와 타블러, 린트, 펠클린 등의 제조회사는 세계 초콜릿 업계에서 최고의 자리에 있다. 그리고 이러한 초콜릿을 사용하여 만든 과자가 프랑스어로는 봉봉 오 쇼콜라 Bonbon au chocolat, 독일어로는 프랄리네 Praline라고 불리는 한입 크기의 초콜릿 과자이다. 그 섬세한 아름다움 때문에 '세피아의 보석'이라고 칭하는 사람도 있다. 다양하고 변화무쌍한 센터를 바탕으로 만들어지는 이 초콜릿 과자는 과자의 예술품이라는 이름에 걸맞게 작은 과자에서 나오는 풍부하고 깊은 맛으로 지금까지 얼마나 많은 사람들의 마음을 매료시켜왔을까?

일본에서는 그 동안 취급하는 곳이 적었으나 한동안 모색의 시간을 가진 뒤 일반 제과점에서도 수제 초콜릿이라는 이름으로 만들어지고 있다. 그리고 그 결과 지금은 크게 확산되어 전국적으로 퍼져 나갔다.

스위스를 비롯해 프랑스, 벨기에 등에는 쇼콜라트리 Chocolatrie라고 부르는 이

X. 서구 국가들의 과자 현황

러한 전문점이 거리 곳곳에 있어서 시민과 관광객들의 눈과 입을 즐겁게 하고 있다. 그것은 마치 보석과 같이 아름답게 진열되어 있어서 고를 때 무심히 고르지 못하고 주저할 정도이다. 초콜릿이라고 하는 심플한 소재에 다양한 형태와 맛의 변화를 부여함으로써 먹는 사람에게 무한한 꿈을 주는 아름다운 한입 크기의 과자, 그것이 봉봉 오 쇼콜라이다. 그리고 예로부터 유럽에서는 남성이 여성에게 주는 최적의 선물이 장미꽃다발과 초콜릿이었다. 결국 그만큼 사회적으로도 수준 높게 위상이 확립된 과자인 것이다. 이렇게 파티스리, 콩피즈리 모두 훌륭한 스위스는 당분간은 세계의 과자를 리드해 갈 것이다.

오스트리아

오스트리아는 독일과 같은 게르만계 민족으로 이루어진 국가지만 한편으로는 슬라브계인 동유럽 국가와도 국경을 접하고 있다. 프랑스가 세계의 권력 구도 속에서 최강대국으로 부상할 때까지는 합스부르크가(家)의 지배 하에서 유럽을 지배하는 입장이었다.

근세에 있어서 빈을 중심으로 한 궁정문화의 번영은 과자의 세계에도 지대한 공헌을 했다. 그 전통은 지금도 이어져서 자허 토르테 Sacher Torte와 헝가리에서 전해진 도보스 토르테를 비롯해 많은 명과를 가지고 있다. 또 동유럽의 영향을 받은 과자를 많이 볼 수 있는 것도 오스트리아이다.

바로 얼마 전까지만 해도 근대과자의 영역에 있어서는 아무래도 다른 나라에 한두 발 뒤처진 느낌을 지울 수 없었지만 그래도 최근에는 국가적으로 직업훈련학교를 정비하는 등 새로운 시대의 과자제작에 대처하기 위해 노력을 기울이고 있다. 또 이론적인 전개에 있어서도 앞으로는 크게 주목할 가치가 있을 것이다. 원래 착실한 국민성을 갖고 있기 때문에 더욱 기대되는 나라이기도 한다.

영국

역시 영국은 최근보다는 대영제국으로서 7개의 바다를 제패하고 있던 시절이 가장 화려했던 것 같다. 그리고 과자에 대한 공헌도도 그 때가 가장 컸다고 할 수 있다. 항상 바다를 사이에 두고 건너편에 있는 미식의 나라, 프랑스와 비교하여 야유를 당하는 입장이지만 그것은 한쪽이 너무나도 미식에 열심인 탓이라고 할 수 있다.

일찍이 영국은 전 세계에 존재하는 자국의 식민지로부터 각종 나무열매와 과일을 모을 수 있었고, 그 결과 훌륭한 과일 케이크를 현대에 전해주고 있다. 또 항해 중에 고안해 내서 만들게 된 푸딩은 그 후 여러 가지 형태로 변화하여 발전했고 우리들을 즐겁게 해주고 있다. 그리고 스페인의 무적함대를 격파한 숨은 공로자라고 불리며 그 후에도 영국 특유의 티타임이라고 하는 습관에 맞추어 발달을 거듭한 비스킷류 등 찾아보면 꽤 영국다운 것도 있다.

그러나 총체적으로 보면 주변 국가들이 각각 섬세한 고유의 맛과 감각을 강하게 갖춘 탓인지 그다지 눈에 띄는 평가를 받지는 못한다. 다시 생각해 보면 앵글로색슨족이라는 민족이 그다지 미식에 열을 올리는 민족이 아닌 탓인지도 모른다.

베네룩스 3국

벨기에, 네덜란드, 룩셈부르크 3국을 지칭한다. 지역적으로도 거의 모두가 프랑스문화의 영향을 강하게 받고 있다. 이것은 과자에도 여실하게 드러나는데 그 중에서도 세심한 배려가 필요한 초콜릿과자 분야에 있어서 벨기에는 세계에서도 최고 수준을 자랑하고 스위스와 함께 쌍벽을 이루고 있다. 또 네덜란드도 벨기에를 추격하고 있다.

X.서구 국가들의 과자 현황

스페인, 포르투갈

'피레네를 넘으면 유럽이 아니다'라는 이야기가 있을 정도로 이베리아반도의 두 나라는 다른 유럽 국가들과는 이질적인 면을 갖고 있다. 두 나라 모두 바다에서 비상한 활약을 했으며 이와 함께 과자의 세계에서도 결코 작지 않은 역할을 담당했었지만 지금은 옛날의 영광을 그리워할 수밖에 없다.

스펀지 케이크의 발상지라고 하는 스페인은 이와 함께 초콜릿을 세계적으로 확산시키는 창구역할을 담당했다. 그러나 지금은 그 조차도 바르셀로나 근방에서 기술의 일부 단편을 볼 수 있는 정도이고 그 외에는 기후적으로도 맞지 않았던 탓인지 이름을 드날릴 정도는 아니다.

북유럽 3국

스칸디나비아반도에 위치하는 덴마크, 노르웨이, 스웨덴 3국. 과거에는 바이킹이 바다를 제패했었고 활동력 넘치는 민족으로 이름을 날렸지만 지금은 풍요로운 자연과 기능적으로 잘 정돈된 청결한 도시미, 사회보장제도가 잘 정비된 국가들이다. 그러나 과거의 과자문화에 참여하거나 공헌한 바가 거의 없었고, 대부분이 이입된 것이라고 해도 과언이 아니다.

지역적으로는 유럽 주요국과 그다지 떨어져 있지 않음에도 불구하고 이런 점에 있어서는 일본과 상당히 비슷한 상황에 있다. 보급되어 있는 과자도 이런 관점에서 보면 일본의 상황과 매우 비슷하다는 것을 알 수 있다. 과자와는 동떨어진 이야기지만 특색 있는 음식 중에 스웨덴의 오픈샌드위치가 잘 알려져 있다.

그리스

근대문명의 초석이 된 나라인 만큼 과자에 있어서도 기원을 만든 공적에 대해서는 누구나가 인정할 것이다. 현재 존재하는 거의 모든 유럽문명이 여기에서 시작된 것이기 때문에 그 공헌의 위대함은 이루 다 헤아릴 수 없다.

현재의 국력과 문화수준에서 보면 그렇게 높은 수준을 요구하는 것은 무리지만 그래도 나름대로의 독자성을 지키고 있다. 특히 기름에 튀기거나, 벌꿀을 사용하는 과자 등은 지금도 긴 역사를 떠올리기에 충분하다.

미국

영국과 마찬가지로 앵글로색슨을 중심으로 발전해 왔지만 지금은 다인종국가라고 부르기에 충분하다. 과거엔 신흥국가였지만 어느덧 건국 200년을 맞이하고 있다. 이제는 젊지 않고 오후 3시라는 이야기 등도 나오고 있지만 역시나 미국을 능가하는 나라는 없고 아직은 시대를 앞서가는 나라임에 틀림없다.

일본과 비교하여 이러쿵저러쿵하기도 하지만 저력이라고 하는 점에 있어서는 아직은 비교할만한 대상이 아니다. 그 광활한 풍토에는 너무나도 치밀한 유럽풍의 과자는 어울리지 않는다. 그런 곳에서 키워진 국민성을 반영한 탓인지 역시나 철저하게 솔직하고 볼륨이 있는 대범한 맛을 가진 과자가 주류를 이루고 있다. 일부에서는 프랑스식의 섬세한 과자도 정착하고는 있지만 전체적으로는 본래의 경향이 앞으로도 크게 바뀌지는 않을 것이다.

아이스크림류는 공업적으로 큰 발전을 이룩했고 지금은 미국의 국민음식 중 하나로 손꼽힐 정도가 되었다. 또 초콜릿과 추잉검 등에 있어서도 누구보다도 먼저 공업적인 대량생산을 이룩했다. 과자 하나에도 대량생산하고자 하는 다이나믹함은 너무나 미국적이라고 할 수 있다. 또 국토의 풍요로움에 걸맞게 과일류를 비롯해 너트류와 밀가루 등의 각종 농산물, 원재료의 종류와 양이 풍부하여 다른 나라와는 도저히 비교를 할 수 없다. 앞으로 미국이 산출하는 농작물의 공급 없이는 각국의 과자산업은 성립될 수 없게 될 것이다.

앞으로의 전망

어떤 것이든 어느 정도까지 가면 필연적으로 반작용이 일어난다. 그리고 그것을 토대로 또 새로운 길을 걷기 시작한다. 요리 분야에서의 누벨 퀴진은 그 궤도수정으로 고전으로의 회귀가 촉진되었다. 그렇지만 단순한 회귀는 아니고 시대에 부합하기 위해 한 꺼풀 껍질을 벗은 형태의 새로운 제안이다.

과자 분야 역시 가벼운 것 일변도에서 고전의 재검토를 포함해 새로운 대처가 확대되고 있다. 이제 맛이나 식감뿐 아니라 건강도 유의해야 할 중요한 테마가 되었다. 따라서 앞으로는 칼로리부터 원료에 이르기까지 보다 다각적인 재검토가 이루어져야 한다. 예를 들면 당도가 낮은 당류나 과당, 혹은 야채 등 새로운 재료의 활용이 확대될 것이다. 또 알레르기 문제, 각종 첨가물의 문제 등도 지금보다 한층 더 미세하게 연구될 것이다. 가공기술은 한층 더 과학적으로 진행되어 미각의 밸런스, 소재간의 콤비네이션 등의 연구를 보다 적극적으로 촉진시킬 것으로 보인다.

제조기술 면에서 보자면 작업공정의 기계화는 한 단계 더 진보하겠지만 그 반면 핸드메이드의 장점에 대한 재인식도 이루어질 것이다. 또한 전통적인 조합(협회)이 위생, 안전성에 입각해 현대적인 눈으로 다시 한 번 재검토될 것이다.

한편 양과자를 서방의 시각에서 보자면 EU를 통해 유럽이 하나로 모아지고, 과자의 세계도 또다시 커다란 물결로 융합되고 있다. 그러나 기술적인 면과는 별도로 표현력이라고 하는 감성적인 측면에서는 각국의 국민성, 혹은 민족적인 DNA를 계승해 자신들의 정체성을 이어갈 것으로 생각한다. 이를테면 프랑스는 프랑스답게, 이탈리아는 이탈리아답게, 게르만이나 앵글로색슨 역시 그들답게.

결론적으로 이야기하자면 시대가 변해도 남을 만한 과자는 국경 없이 발전해 전체적으로 보다 높은 곳을 지향하게 될 것이다. 세계는 이제 하나의 문화권이므로. 물론 이를 위해서는 일본이나 한국 파티시에의 활약도 불가결하다.

XI.
양과자
역사연표

- 양과자 역사연표 -

선사 시대	[구석기, 중석기, 신석기 시대] · 단맛의 출발점은 벌꿀과 과일이었다. 1만년 전의 동굴벽화에는 벌꿀을 채집하는 그림이 그려져 있다. · 밀의 씨앗을 뿌리는 등 정착생활에 들어간다. · 개, 산양, 양, 소 등의 젖을 응고시켜 사용했다. 이후에 그것을 발효시켜 치즈를 만들었다.
BC 4000년	· 수메르인이 메소포타미아 지방에 진출, 높은 탑을 쌓는다. '하늘에 가까워진다는 것은 신에게 다가가는 것'이라는 이들의 사상이 오늘날 웨딩케이크의 형태로 이어진다.
고대 이집트 시대	[BC 3500년부터 BC 500년까지의 약 3000년간. 1~11 왕조까지를 고왕국(BC 2850~2050), 12~17왕조를 중왕국(BC 2050~1570), 18~30왕조를 신왕국(BC 1570~525)이라 부른다.] · 동시대에 번영한 이집트 문명, 메소포타미아 문명, 인도 문명, 중국 문명 등 이른바 4대 문명은 인류번영의 기초가 되었다. 또한 4대 문명의 발상지는 과자의 발상지이기도 하다.
고왕국 시대 (BC 2850~2050)	· 포도로 와인을 만들 수 있다는 사실이 이미 널리 알려져 있었다. · 밀을 돌로 빻아 가루로 만들어 죽과 같은 음식을 만들어 먹었다. 이로부터 빵과 맥주가 탄생했다.
중왕국 시대 (BC 2050~1570)	· 약 4000년 전 이집트 고문서에 단맛의 원료인 대추야자나무가 재산목록에 기록되어 있다.
신왕국 시대 (BC 1570~525) BC 1175년경	· 수도 테베의 람세스 3세 궁전 벽화에는 빵 만드는 모습이 그려져 있다. 그 중 우텐트 Uten-t라는 튀김과자는 쾨이타

주(통칭 파이반죽)의 원형이라 볼 수 있다. 그 외에 똬리를 튼 뱀 모양 등 다양한 형태의 빵이 출토되고 있다.

고대 그리스 시대

[BC 2000년 크레타 섬을 중심으로 에게문명 형성. BC 1600년 이후 미케네를 중심으로 번영하고, BC 1000년경 그리스 세계를 형성했다. 폴리스라 불리는 도시국가가 성립되고 시민사회가 성장. 과자를 비롯한 많은 새로운 음식이 만들어졌다.]

· 이집트 문명이 정점에 달하기 이전, 그리스에서 먼저 빵굽는 기술을 이용한 것으로 보인다.
· 이 시대 이전부터 유목민은 이미 산양이나 양으로부터 치즈를 만들고 있었다고 한다.
· 그리스 신화에 풍요의 여신 데메테르, 포도주의 신 디오니소스 등이 등장한다.

BC 500~BC 400년경

· 목동들은 금방 꺾은 무화과 가지로 산양이나 양의 젖을 휘젓고 엉겅퀴 꽃과 씨앗을 넣어 응고시켜 치즈를 만들었다.

BC 400년경

· 엔크리스 encris(밀가루, 메밀가루, 벌꿀을 넣은 튀김과자), 디스피루스 dispyrus(와인에 찍어 먹는 납작한 과자), 트리온 triyon(푸딩의 원형), 오보리오스 obolios(우블리라는 나팔모양 과자의 원형), 철판에 넣어 굽는 센베이 류 등을 즐겼다. 아직 이 시대의 일반시민은 반죽한 밀가루를 부풀리지 않고 불에 구운 마제스 Mazes라는 것을 주식으로 하고 있었다.

BC 200년경

· 버터를 만들어 사용했다.
· 포토이스 Photois와 글로무스 Glomus라는 원뿔형의 구

움과자(슈의 원형), 에피다이트론 Epidaitron (소형 디저트 과자), 세서미티스 sesamitis (깨와 피스타치오를 넣은 과자), 아르트로가논 Artroganon (산화발효시킨 빵과자), 코프테 Kopte 또는 코프태리온 koptarion (허니 케이크의 일종), 아포테가노이 Apoteganoy (불에 쬐어 구운 과자), 아포피리아스 Apopyrias (숯불에 구운 과자) 등을 즐겼다. 그 외 사모스, 로도스, 테라 섬에서는 각각 특산 과자를 만들어 교역품으로 사용했다. 이 시기 100종류에 가까운 과자가 출현했다.
· 생일 케이크와 혼례과자가 만들어지고 있었다. 혼례식에서는 엔트리프타 Enthripta (냄비 안에서 부순 향기로운 과자), 엔트리프톤 Enthrypton (벌꿀을 넣고 깨를 뿌린 구움과자) 등을 나눠주었다.

고대 로마시대

[일반적으로 말하는 로마시대는 BC 7세기경의 건국기부터 왕제, 공화제, 제정을 거쳐 AD 395년의 동·서분열, 혹은 AD 476년의 서로마제국 멸망까지를 말한다. 한편, 동로마 제국은 1453년 오스만제국에 의해 멸망할 때까지 왕조를 유지했다.]

BC 4세기

· 알렉산드르 대왕은 팔레스타인 남동쪽 페트라에 30개의 동굴을 만들고 빙설을 채워 음식물을 보관했다. 이것이 빙과로 발달한다.
· 알렉산드르 대왕의 원정군이 인도에서 사탕수수를 알게된다.

BC 177년

· 로마 귀족 파비우스 가문에서는 상속자가 태어난 기쁨을 함께 나누기 위해 시민에게 꿀을 버무린 너츠를 나눠 주었다. 이것이 오늘날 드라제의 시초가 되고 있다.

BC 171년

· 빵과 과자 만드는 일이 직업으로서 법적인 승인을 받는다.

제빵점은 피스토레스 Pistores, 제빵제과점은 피스토레스 플라첸타리이 Pistores placentarii, 신전에 올리는 과자를 만드는 과자점은 픽토레스 Fictores라 불렀다.

기원 직전

· 시저, 네로가 알프스에서 빙설을 가져오게 해 동물의 젖과 꿀, 술 등을 섞거나 차게 해 마셨다고 한다. 이것이 빙과의 시초이다. 중국이나 아라비아에서도 천연의 빙설로 빙과와 비슷한 음식을 만들었다고 한다. 아라비아아인 샤르바트(차가운 음료라는 뜻)가 영어의 셔벗이나 불어의 소르베의 어원이 되었다.

기원 전후

· 사람들은 플라첸타 Placenta(밀가루, 산양 치즈, 꿀로 만드는 구움 과자), 투르트 Tourte(타르트의 원형), 크루트 croute(건과자의 일종), 그 외 플랑의 원형과 튀김 과자 등을 즐겼다. 또한, 크루스투라리이 Crustrarii라는 달콤한 과자를 팔았고, 피스토레스 리바리이 Pistores libarii(치즈 케이크), 아디파타 Adipata(부드러운 비스퀴), 아르토크레어스 Artocreas(파이 과자)등을 즐겨 먹었다. 또한, 맞춤형 과자 틀이 많이 사용되어 기술 수준이 향상됐다.

기원 직후

· 그리스도교 성립 후, 이와 관련된 다양한 과자가 만들어졌다. 과자와 관련된 주요 행사로는 크리스마스, 주현절(공현절), 성촉제, 카니발, 성 밸런타인데이, 부활절, 프와송·다브릴(4월의 물고기), 뮤게 Muget(은방울꽃 축제), 할로윈 등이 있다.
· 데커레이션 기법이 발달. 스크리블리타 Scriblita라는 접시 모양의 과자에는 그림을 그렸고, 엔키툼 Encytum이라는 과자에는 다양한 색조의 글라세(피복)를 입혔다고 한다.

AD 175년	· 이탈리아 테르니에서 발렌티노가 태어났다. 그는 순교해 훗날 사랑의 수호성인인 성 발렌디노가 되었고 이것이 오늘날의 성 밸런타인데이(2월14일)로 이어진다.
AD 3세기	· 이탈리아 밀라노에서 파네토네가 만들어졌다.
AD 4세기	· 파스틸라리움 Pastillarium이라는 제과업자의 기술조합이 만들어졌다.
후기	· 장식 과자나 공예 과자 등이 식탁을 풍성하게 했다. 음식에 예술품으로서의 의미가 더해졌다.
중세	[로마제국이 쇠망한 4세기 후반부터 르네상스시대에 이르는 14세기경까지 약 1000년 간을 가리킨다. 전쟁, 역병, 기아 등으로 인한 암흑 시대였던 탓에 종교에 대한 의존도가 높아졌다. 교회와 수도원의 권력이 막강했다.]
6세기	· 인도에서 생산되던 설탕이 페르시아와 아라비아에 전해지고 8세기에는 지중해 여러 나라로 보급되었다. 10세기에는 이집트에서도 설탕 생산이 활발했다.
7세기	· 이슬람교 성립. 서양과자에 커다란 영향을 준다. 프랑스 랑드지방의 투르티에르 Tourtière, 켈시 지방의 파스티스, 혹은 다른 지방의 크루스타드라 불리는 접어 만든 구움과자 등에서 그 흔적을 찾을 수 있다. 독일의 슈트루델 등은 모로코의 파스틸라로부터 발달한 것이다. 또한 터키의 바클라바를 통해 푀이타주(통칭 파이반죽)가 발전하는 과정을 파악할 수 있다.

8세기	· 그레고리 3세(731~741)가 11월 1일을 만성절로 결정했다. 할로윈은 그 전야제이다. · 앙트르메라는 단어가 출현했는데 지금은 요리의 마지막인 디저트를 가리키는 말로 사용된다.
9세기	· 길드(동업조합)가 확립됨. 13~14세기에는 정치적 영향력을 미치게 되지만, 18세기에 힘을 잃는다. · 오늘날에 이르러서도 빵이나 과자 업계에는 그 시스템이 남아 있다.
10세기경	· 프랑스에서 과자로 왕을 뽑는 놀이가 행해졌다. 이것이 이후 갈레트 데 루아로 이어졌다.
1096~1270년	· 십자군이 조직되고 총 8회의 원정이 이뤄졌다. 이 때 형성된 군용로를 통해 설탕과 향신료가 서양으로 전해졌다. 과일 설탕 절임을 만드는 등 콩피즈리(당과) 분야가 확립된다.
1179년	· 라테라노 공의회에서 '이교도와의 설탕과 관련된 상거래 금지 및 그 거래는 교회의 고위 성직자에게만 허락한다'는 결의가 공표돼 한때 설탕은 교회의 전유물이 된다. 교회의 허가를 얻은 경우에 한해 상인도 취급할 수 있었다.
13세기	· 갈레트, 고프르, 니욀, 오스티, 우블리 등 교회 특유의 과자가 만들어지게 되었다. 또한 이후 퓌이 다무르 Puits d'amour 라는 그릇까지 먹을 수 있는 크림과자와 블랑망제의 원형, 플랑의 원형을 즐겨 먹었다. · 제과점업계 사람들은 성 미셸 Saint Michel 을 자신들의 직업 수호성인으로 정하고 그 축일을 9월 29일로 정했다.

해 만들어졌다.
· 독일어권에서 슈톨렌이라는 발효과자가 출현했다.

1316년
· 영국에서 콩으로 왕을 뽑는 놀이가 처음으로 행해졌다.

1329년
· 하인리히라는 나움부르크의 대사제가 빵집에 대해 새로운 길드(동업조합) 결성을 허가해 주었지만, 그 대가로 매년 크리스마스에 슈톨렌 2개를 바치라는 조건을 걸었다. 이 시기 이미 슈톨렌은 크리스마스에 먹는 과자였다는 것을 알 수 있다.

1373~1380년경
· 프랑스 요리사인 타이유방 Taillevent, 본명 기욤 티렐 Guil-laume Tirel이 오늘날 프랑스 요리의 시초라고 할 수 있는 『르 비앙디에 Le Viandier』를 썼다. 인쇄된 것은 1440년경이라 여겨지지만, 프랑스에서 인쇄된 가장 오래된 요리서라 한다.

1390년
· 스위스에서 과자로 왕을 뽑는 놀이가 행해졌다.

1412년
· 프랑크푸르트 안 데어 오델에서 과자로 왕을 뽑는 놀이가 처음으로 행해졌다.

1425~30년
· 리헨탈의 월리히라는 사람이 남긴 콘스탄츠 공의회 기록 중에 손수레에 실은 오븐으로 파스테텐(파테)과 브레첼을 구워 파는 상인의 모습이 담긴 그림이 있다.

1438년
· 드레스덴에서 슈톨렌이 만들어지고 있었다. 오늘날에도 이것은 드레스덴의 명과로 명성을 유지하고 있다.

1440년	· 프랑스에서 제빵 기술자 길드와 제과 기술자 길드가 분리되었다.
1467년	· 뉘른베르크에서 제국회의가 열린 무렵 황제 프리드리히 3세가 이 마을 4000명의 아이들에게 와인과 자신의 초상을 그린 마름모꼴의 레브쿠헨을 나누어 주었다는 기록이 있다. 이 곳에서는 그것을 카이저린(작은 황제)이라 부르고 1679년경까지 만들었다.
1479년	· 카스티야의 여왕 이사벨과 아라곤의 왕자 페르난도 2세가 결혼해 스페인 왕국을 설립. 이후 이곳에 비스코초라는 스폰지 케이크가 만들어졌다. 이것은 이웃나라 포르투갈에 전해져 가토 드 카스티야(카스티야의 과자)라 불렸다.
1492년	· 콜롬버스가 서인도제도에 도착. 아메리카대륙을 발견한다.
1499년	· 합스부르크로부터 독립한 스위스가 공화국을 설립한다. 이후 스위스는 전통에 얽매이지 않는 자유롭고 진보적인 발상으로 과자를 만들어 세계를 리드해 간다
15~16세기	· 이쯤부터 토르테가 타르트로부터 분리된다. 그 후 다양한 형태로 발전해 간다. 이 시기에 린처 토르테 Linzer torte 가 만들어졌다.
16세기경	· 2월 2일 성촉제 무렵 처음으로 크레프가 구워졌다고 한다. 어원적으로는 중세 영국의 크레스프 Cresp 또는 크리스프 Crisp에서 변했다고 여겨지는 것으로 프랑스에서는 판케 Pannequet라고도 부르고 있다.

16세기 초	· 베네치아 근교 파드바의 마르크 안토니우스 지마라 교수가 물에 질산 칼륨을 넣자 온도가 급격하게 떨어진다는 것을 발견. 이 발견에 의해 와인과 각종의 음료를 마음대로 식힐 수 있게 되었다.
1502년	· 콜럼버스는 4번째 항해 때인 1502년 7월 30일 니카라과에서 카카오 콩이 화폐 대신 사용되고 그것이 음료가 된다는 것을 알았다. 하지만 그는 그 귀중함을 알지 못한 채 지나쳤다.
1519년	· 에르난 코르테스가 통솔한 스페인 군대가 남미 아즈텍의 왕 몬테수마와 싸워 승리했다. 이 후 아즈텍인이 좋아하는 쇼콜라트르라는 음료를 알게 된다. 이 단어는 오늘날의 초콜릿과 쇼콜라의 어원이 된다.
1526년	· 쇼콜라트르가 스페인왕 카롤로스 1세에게 진상되었다. 그 후 스페인인은 벌꿀과 바닐라 등을 넣어 자신들에게 맞는 음료로 변형시켜 간다.
1533년	· 피렌체 메디치가의 카트린이 이후 프랑스 왕 앙리 2세가 되는 오를레앙 공에게 시집을 갔다. 이 때 나이프와 포크를 사용하는 식사 규범을 비롯해 셔벗, 마카롱, 프티 푸르, 비스퀴 아 라 퀴이예르(핑거 비스킷)등을 프랑스에 전한다.
1535년	· 플랑드르 지방에서 초콜릿을 마시고 있었다는 기록이 있다.
1543년	· 포르투갈의 배가 다네가 시마(種子島)에 표착. 그들은 총 등과 함께 카스티야·볼로, 비스킷, 빵, 와인 등을 전한다. 일본의 양과자 역사는 이쯤에서부터 시작된다.

1547년	· 바르타자르 슈타인도르라는 사람이 쓴 요리서에 바움쿠헨의 시초라고도 할 수 있는 슈피스쿠헨 Schpiesskuchen (실 상태로 만든 빵 반죽을 말은 것)의 만드는 방법이 기재되어 있다.
16세기중경	· 피렌체의 베르나르도 부온탈렌티가 얼음에 질산칼륨을 넣어 냉각하는 기술을 개발. 본격적으로 음식을 얼리는 데 성공. 빙과의 기술이 촉진되었다.
1564년	· 샤를 9세의 칙령에 의해 신년을 4월 1일에서 1월 1일로 변경. 사람들은 4월 1일에도 농담으로 정월 축하한다고 말했다고 한다. 이것이 만우절, 즉 프와송 다브릴(4월의 물고기)로 이어졌다.
1569년	· 교황 비오 5세가 초콜릿 금지령을 푼다.
1570년	· 이탈리아의 교황 비오 4세의 비서 겸 대선직이었던 바르톨로메오 스카피 Bartolomeo Scappi가 『오페라』라는 요리서를 저술했다. 이 후 각국의 언어로 번역되고 유럽 요리 업계에 커다란 영향을 주었다.
1581년	· 독일 마르크스 룬포르트가 쓴 『새로운 요리법』에 슈의 원형인 크라펜 Krapfen이라는 튀김 과자, 바움쿠헨의 시초가 되는 슈피스쿠헨 Schpiesskuchen, 슈피스크라펜 Schpiesskrapfen, 프뤼겔 Prügel(유동 상태의 재료를 발라 구운 것) 등에 대해 기술되어 있다.
1582년	· 그레고리 발라 13세가 그 해 10월 5일을 같은 해의 10월15일

로 변경했다. 이후, 그레고리력으로서 지금까지 이르고 있다.

1588년	· 영국-스페인 전쟁에서 영국이 스페인의 무적함대를 격파했다. · 영국함대는 구비해 놓은 비스킷으로 식량에 대한 불안감 없이 싸울 수 있었다고 한다. 스페인을 대신해 7개의 바다를 제패한 영국은 선상에 남은 음식을 모아 쪄 먹는 푸딩을 고안했다.
1598년	· 몬세르라는 사람이 쓴 요리서에 'Hispanisch' 즉 스페인풍의 반죽으로서 오늘날의 푀이타주(파이반죽)의 시초라고도 말할 수 있는 반죽을 만드는 법이 기록되어 있다.
17세기	· 이 시대의 맛있는 것으로는 프랄랭 공작(1598~1674)이 여성을 위해 항상 몰래 지니고 있었다고 하는 설탕 묻힌 아몬드(프랄린으로 명명), 베샤멜 공작(출생년도, 사망년도 미상)이 개발했다는 소스 베샤멜, 이스트 균의 활동을 이용한 브리오슈, 누가, 드라제 등이 있다. 또한 푀이타주, 크림류가 나돌자 그것들로 만든 파리 지방의 갈레트 데 루아 등도 오늘날의 형태로 완성되어 간다. · 아이스크림이 정식 식사 메뉴의 앙트르메로 정착된 것도 이 무렵이다. · 이탈리아 화가 코보키 멘티가 그린 「식재료 두는 곳」이라는 그림 중에 아이어크란츠 Eierkranz라는 왕관상태로 구워진 슈 과자를 볼 수 있다. 이 시기 동일한 반죽이 튀기는 것뿐 만이 아니라 오븐에서도 구워지고 있었다는 것을 알 수 있다. · 프랑스 로렌지방 낭시 수도원의 마카롱이 쇠르 마카롱이란

이름으로 사람들에게 화제거리가 된다. 이 후 무랑의 성모 마리아 수도원, 코메리 수도원 등 각지의 수도원에서도 마카롱을 만들게 되었다.

· 이탈리아인 프랑지파니가 커스터드 크림에 아몬드 크림을 넣은 프랑지판이라는 크림을 고안했다.

· 생크림이 만들어진다. 일설에 의하면 바텔 Vatel이라는 사람이 개발했다고 한다.

· 파이반죽이라 불리는 푀이타주가 출현한다. 일설에 의하면 화가 클로드 젤레가 버터를 넣는 것을 잊어버려 나중에 넣고 만들었다고 한다. 다른 설로는 콩데 가의 제과장 푀이에에 의해 만들어진 것이라 한다.

1603년

· 영국의 문헌에 처음으로 셔벗이라는 단어가 나온다. 일설에 의하면 드 밀레오라는 요리인이 찰스 1세의 연회에서 차가운 음료를 내어 높은 평가를 얻고 제법을 누설하지 않겠다는 약속 하에 20파운드의 연금을 받았다고 한다.

1606년

· 스페인의 궁정에서 시중을 들던 이탈리아인 안토니오 카를레티에 의해 초콜릿이 본격적으로 이탈리아에 전해졌다.

1609년

· 폴란드 왕 스타니슬라스 렉친스키의 요리사 슈브리오 cheuvriot가 프랑스의 랑베르라는 마을에서 만들던 쿠글로프를 새롭게 먹는 방법으로 바바를 고안했다고 한다. 스타니슬라스왕은 애독서인 아라비안 나이트의 주인공인 알리바바의 이름을 이 과자에 붙였다. 또한 코르크 마개를 닮은 점으로부터 바바 부숑이라고도 불리게 되었다. 또한, 마들렌도 슈브리오가 고안한 것이라는 설도 있다. (탈레랑 공의 집에서 일했던 아비스라는 제과인, 혹은 그 집의 여성 요리

인에 의해 만들어졌다는 설도 있다.

<table>
<tr><td>1615년</td><td>· 스페인의 왕 펠리프 3세의 장녀 안 도트리슈 Anne d'Autriche 가 프랑스 왕 루이 13세에 시집갈 때 초콜릿이 처음으로 피레네 산맥을 넘어 프랑스에 들어갔다.</td></tr>
</table>

1615년　　　　　　· 스페인의 왕 펠리프 3세의 장녀 안 도트리슈 Anne d'Autriche 가 프랑스 왕 루이 13세에 시집갈 때 초콜릿이 처음으로 피레네 산맥을 넘어 프랑스에 들어갔다.

1615~74년　　　　· 네덜란드 화가 빌렘 칼프 Willem Kalf가 그린 「과일이 있는 정물화」 중에 파네토네가 보인다. 이탈리아에서 시작된 이 과자가 이 시기 유럽에 널리 퍼져 있었다는 것을 알 수 있다.

1624년　　　　　　· 프랑스왕 루이 13세의 누이 동생인 앙리에트 마리아가 영국 왕 찰스 1세에게 시집갈 때 셔벗이 정식으로 영국에 전해졌다.

1651년　　　　　　· 프랑스 요리인 프랑수아 피에르 드 라 바렌 François Pierre de la Varrenne(앙리 4세의 누이 동생 바르 공작부인에게 고용되어 있었다고 한다)이 『프랑스 요리 Le Cuisinier français』를 저술했다.

1652년　　　　　　· 영국에 커피하우스가 생겼다.

1655년　　　　　　· 프랑수아 피에르 드 라 바렌 François Pierre de la Varrenne 이 『프랑스 제과사 Le Pastissier François』를 저술했다. 이 중 처음으로 슈 크렘 파티시에르(커스터드 크림)의 단어가 나온다. 또한 밀푀유의 제법도 기재되어 있다.

1657년　　　　　　· 영국에 초콜릿 하우스가 생겼다.

1660년	· 스페인의 마리 테레즈 도트리슈가 프랑스 왕 루이 14세에 시집갈 때 초콜릿을 전문적으로 만드는 시녀들도 농행한다.
1660년경	· 이탈리아의 구튀가 교반동결 방법을 사용해 입 안에 감촉이 좋은 셔벗을 만들게 되었다.
1662년	· 블랑카치오 추기경이 초콜릿은 액체이므로 단식을 깰 수 없다고 판단을 내린다. · 프랑수아 피에르 드 라 바렌 François Pierre de la Varenne이 『요리법 Le Cuisinier méthodique』을 저술했다.
1667년	· 프랑수아 피에르 드 라 바렌 François Pierre de la Varenne이 『완전한 당과 기술인 Le Parfaict Confiturier』을 저술했다. 그 외 『Le Confiturier françois』(간행년도 미상)이 있다.
1683년	· 오스트리아 헝가리 제국이 터키 군과 대치했을 때 제빵사가 빵을 굽기 위해 새벽에 나왔다가 터키군의 공격을 알아채고 이를 통보해 터키 군을 격파할 수 있었다. 이 승리를 기념해 터키 국기인 초승달 모양의 빵, 즉 크루아상이 만들어졌다고 한다.
1686년	· 시칠리아 출신의 프란체스코 프로코피오가 파리에서 카페 프로코프를 개업해 오늘날의 무스 글라세나 파르페 글라세에 해당하는 정치동결의 빙과를 제공해 큰 호평을 얻었다.
1699년	· 독일의 콘펙트 티슈 Konfekt Tisch라는 책에 공립법(전란으로 만드는 방법)의 비스크 비트마세(스폰지 반죽) 제법

이 기재되어 있다. 이것은 "프랑스풍의 설탕 든 빵"이라 불려졌다고 한다.

근대

[18세기부터 20세기에 걸친 시대로 근대사회가 펼쳐져가는 과정이다.]

18세기

- 바움쿠헨이 오늘날과 같은 모양으로 완성되어 간다.
- 프랑스 제과점에서 트레퇴르(케이터링)의 장르가 확립되었다.
- 프랑스 디드로와 달랑베르가 쓴 『백과전서』에 고프르 배합이 기재되어 있고 레몬 껍질과 초콜릿, 스페인산 와인을 넣는 등 다양한 변화가 가능하다고 되어 있다.

1700년

- 미국 메릴랜드 주지사 브래든을 방문한 손님이 쓴 편지에 아이스크림의 단어가 기재되었다.

1701년

- 프랑스 부르고뉴공작이 프랑스 남부 몽텔리마르 마을을 지날 때 시민으로부터 하얗고 부드러운 누가를 받았다. 이후 그것을 누가 몽텔리마르 Nougat Montélimar라고 부르게 되었다.

1710년

- 비스퀴와 마카롱을 만들기 위해 투입구가 있는 주사기와 같은 기구가 개발되었다.

1719년

- 잘츠부르크 대사제의 요리사 콘라드 하거 Conrad Hagger가 쓴 『신 잘츠부르크 요리서 2권 Neues Saltzburgisches koch-Bach』에 오늘날의 바움쿠헨에 가까운 프뤼겔과 슈피스쿠헨이 보인다.

1739년	· 프랑스의 요리인 므농 Menon이 『새로운 요리법 Nouveau traité de la cuisine』을 저술했다.
1742년	· 므농Menon이 『신메뉴와 새로운 요리 La Nouvelle Cuisine avec de nouveaux menus』를 저술했다.
1746년	· 므농 Menon이 『부르주아 가정의 여성요리인 La Cuisinière bourgeoise, suive d'office à l'usage de…』을 저술했다.
1747년	· 베를린의 약제사 마르크 그라프가 사탕무에 단맛 성분(설탕)이 있는 것을 발견하고 베를린의 아카데미에 보고 했지만 이 때에는 무시되어 버렸다. 같은 베를린 주재의 화학자 프란츠 칼 아샤르와 프로이센왕 프리드리히 빌헬름 3세가 점차 생산의 길을 열었다.
1750년경	· 이탈리아 프로토손이라는 사람에 의해 셔벗이 1년 내내 판매되게 되어 급속하게 일반화되어 갔다.
1750년	· 므농 Menon이 『급사와 당과의 지식 La Science du maitre d'hotel, Confiseur』을 저술했다.
1755년	· 므농 Menon이 『궁정의 저녁식사 Les Soupers de la Cour』를 저술했다.
1758년	· 므농 Menon이 『실천적 요리와 학식조리인의 역사개론 Traité historique et pratique de la cuisine』을 저술했다.
1759년	· 므농 Menon이 『식통의 공로자 아우트라인 Le manuel des

officiers de bouche』를 저술했다

| 18세기 중경 | · 루이 15세(1715~74)에게 시집간 마리 렉친스키는 왕의 애첩 퐁파두르 부인과의 갈등으로부터 볼로방이라는 파이 반죽 그릇에 베샤멜 소스를 담은 요리와, 소형의 부세 아 라 렌을 고안해 냈다. |

1760년
· 프랑스왕실 초콜릿 제조소가 만들어졌다.

1761년
· 므농 Menon이 『식통년감 1761 Almanach de Cuisine M·DCC·LXI』을 저술했다.

1765년
· 영국에서 보스턴에 온 존 해넌이 처음으로 초콜릿 장사를 시작했다.

1769년
· 독일의 마르크스 로프트가 쓴 「브라운 슈바이크의 요리서」 중에 오늘날 형태의 바움쿠헨 만드는 법이 기재되어 있다. 즉, 18세기 중반 이후 오늘날과 같은 것이 거의 완성되었다 라고 말해도 좋다.

1770년
· 오스트리아 합스부르크 왕가의 마리 앙투아네트가 프랑스 왕 루이16세에게 시집을 갔다. 그녀는 프랑스에 쿠글로프와 크루아상을 가져왔다. 또한 그녀는 베르사이유 궁전 안의 프티 트리아농이라는 별궁에서 므랭그(머랭) 과자 만드는 것을 즐겼다고 한다.

1774년
· 프랑스의 샤르트르 대공이 참석한 사람들에게 디저트로서 표면을 문장(紋章)으로 장식한 예술적인 빙과를 제공했다.

내용물은 봄브(포탄)모양의 틀에 생크림을 사용한 파르페나 부스류였다.

1775년

· 영국의 윌리엄 콜 박사가 프리저를 개발해 빙과의 기술이 한층 더 전진했다.

1778년

· 프랑스의 드레라는 사람이 초콜릿 혼합 반죽기를 개발했다. 이후 그 가공기술이 진보해 갔다.

1779년

· 프랑스에서는 리큐르를 넣은 고품질의 빙과로서 파르페 글라세가 만들어졌다.

1783년

· 미 합중국이 독립했다. 이에 앞서 영국을 떠나 미국으로 향한 청교도 일행은 도중 네덜란드에 들려 이 지역에서 전해지는 오일 케이크 혹은 패트쿠카라는 튀김과자를 배운다. 이것이 도넛의 시초이다.

1789년

· 프랑스 혁명이 일어난다. 이 혁명으로 블랑망제 blancman-ger 만드는 법이 없어지는 것은 아닌가 하고 미식가 그리모 드 라 레이니에르가 걱정을 했다고 한다.

1800년경

· 셔벗 기술이 독일에 전해지고 계속해서 영국, 미국에도 파급되어 갔다.

1803년

· 프랑스의 보드빌극장 「비올라를 키는 팡숑」에서 히로인을 연기한 가수 베르몽에게 경의를 표해 팡쇼네트 Fanchonette 라는 과자가 만들어졌다.

1803년~1812년	· 프랑스 미식가 그리모 드 라 레이니에르 Grimod de la Reynière(1758~1837)가 「맛 감정위원회」를 만들고 그 기간 『식통연감(食通年鑑)』을 간행. 다수의 요리, 과자, 식품에 대해 평론을 하였다.
1804~1814년	· 나폴레옹 제1제정시대. 나폴레옹이 사탕무 재배의 일대 장려책을 내놓았다. 이것을 계기로 그의 실각 후 설탕이 널리 보급되게 되었다.
1807년	· 이 해 1월13일, 밀푀유 millefeuille가 그리모 드 라 레이니에르가 주최한 맛 감정위원회의 감정을 받고「밀푀유를 비유한다면 몇 겹으로 포개어진 잎과 같다」고 칭송되었다.
1808년	· 프랑스의 보르도 지방 라르사에서 짤주머니의 시초가 되는 원뿔 모양의 종이주머니가 고안되었다.
1814년	· 프랑스의 요리인 앙투안 보빌리에 Antoine Beauvilliers가 『요리의 예술 Art du cuisine』을 출판. 프랑스뿐 만 아니라 영국 요리를 도입하는 등 의욕적인 책으로서 평가되고 있다.
1815년	· 천재 제과인이자 위대한 요리사인 프랑스의 앙토넹 카렘 Antonin Carême(정식명은 마리 앙투안 카렘 Marie Antoine Carême〈1784~1833년〉)이 『파리의 왕실 제과인 2권 Le Pâtissier Royal Parisien』및 『과자 도안집 Le Pâtissier Pittoresque』을 저술했다.
1819년	· 프랑수와 루이 가이에가 스위스에서 처음으로 초콜릿을 만들었다.

1820년	· 스위스 루돌프 린트가 초콜릿을 장시간 섞어 입에 닿는 감촉을 부드럽게 하는 데 성공을 했다. 그는 처음으로 오늘날의 한입 크기 초콜릿 과자의 시초인 퐁당 쇼콜라를 만들었다. · 앙토넹 카렘이 짤주머니를 종이 재질에서 직물 재질로 개량했다고 한다. 또한 프랑스 랑드 지방의 제과 기술자인 로르사 Lorsa가 다양한 슈과자를 만들기 위해 오늘날의 모습에 가까운 짤주머니를 고안했다고 한다.
1822년	· 당액을 결정화시킨 퐁당fondant 이 개발되고 프티 가토와 프티 푸르의 윗면을 장식하는 등 과자 만드는 폭을 넓혔다. · 앙토넹 카렘 Antonin Carême이 『프랑스의 급사장 Le maître d'hotel français』을 저술했다.
1824년	· 파리 부르달루 거리에 가게를 하고 있던 파스켈 Fasquelle이라는 제과인이 서양배를 넣어 구운 타르트를 만들고 타르트 부르달루 Tarte Bourdalou라 이름 지었다.
1825년	· 브리야 사바랭 Brillat Savarin (1755~1826)이 『미각의 생리학 Physiologie de goût』을 저술했다. 사법관이자 정치가인 그는 이것으로 희대의 미식가로서 이름을 남기게 되었다.
1828년	· 네덜란드의 반 호텐이 카카오 콩을 짜는 기계에 넣어 카카오 버터를 유출하는 것에 성공. 이 찌꺼기를 분쇄한 카카오 파우더를 뜨거운 물에 녹여 코코아 드링크를 만들었다. · 앙토넹 카렘 Antonin Carême이 『파리의 요리인 Le Cuisinier Parisien』을 저술했다.

1832년	· 빈의 제과인 프란츠 자허가 중후한 맛의 초콜릿 케이크를 고안. 자신의 이름을 붙여 '자허 토르테'라고 했다. 후에 세계의 명과로서 이름을 떨친다.
1833년	· 앙토넹 카렘 Antonin Carême이 『19세기 프랑스 예술요리 총 5권 L'Art de la Cuisine française au dix-neuvième siècle』 (마지막 2권은 제자 펄머리 Plumerey에 의해 쓰여졌다)을 저술했다.
1834년	· 미국의 제이콥 퍼킨스가 온도를 마이너스 20℃까지 낮출 수 있는 기계를 개발. 빙과의 발전에 박차를 가했다.
1842년	· 잇팅 초콜릿 Eating Chocolate이라는 명칭이 영국 캐드베리사의 정가표에 등장한다.
1843년	· 퓌이타주의 용기에 크렘 파티시에르(커스터드 크림)를 채우고 표면에 뿌린 설탕을 인두로 구운 퓌이 다무르 puits d'amour(사랑의 우물)라는 과자가 국립오페라극장에서 상영되었던 「사랑의 우물」과 연관되어 만들어졌다고 한다. 또한, 다른 설로는 18세기 파리의 그랑 토뤼앙드리 거리에 사람들이 동전을 던졌던 우물의 이름과 관련된 것이라고도 한다.
1845년	· 1840년경 보르도에서 프리부르라고 불리는 바바 baba를 만들고 있었다. 시부스트의 가게에서 근무하고 있었던 제과인 오귀스트 줄리앙 Auguste Jurien이 바바에 건포도를 넣어 링 모양으로 만들어 미식가로서 유명한 브리야 사바랭의 이름을 붙였다.

	· 프랑스 보르도의 제과인에 의해 탕 푸르 탕(설탕과 분말 아몬드를 동량으로 섞은 제과 부재료)가 고안되었다.
1846년	· 미국 낸시 존슨 부인이 밀봉 가능한 용기에 용액을 넣고 핸들을 돌려 만드는 빙과 제조기구를 발명. 게다가 윌리엄 영이 그 기계 내부에 교반기를 설치하여 가정에서도 아이스크림을 만드는 것이 폭발적으로 보급되었다. · 파리 생토노레 거리(오늘날의 거리가 아닌 예전 거리)에서 가게를 하고 있던 시부스트 Chiboust가 지금까지 없던 가벼운 크림을 만들고 자신의 이름을 붙여 크렘 시부스트라 이름 짓고 그 크림으로 생토노레와 타르트 시부스트를 만들었다.
1847년	· 뉴잉글랜드 수송선의 선장 한슨 크로켓 그레고리가 폭풍과 조우했을 때 손에 쥐고 있던 도넛을 노의 막대기에 꿰어 힘껏 조종해 어려움을 극복했다. 이것을 기념하여 이후 도넛은 구멍을 뚫어 만들게 되었다고 한다. · 프랑스의 오브리오라는 제과인이 봉지에 반죽을 채워 짜는 것을 생각해 냈다고 한다. 또한, 깍지에 대해서는 같은 시기의 트로티에라는 사람이 고안했다고 전해지고 있다. · 영국 프라이 앤 썬 社가 쇼콜라 델리슈 아 망제 chocolat délicieux à manger 라는 이름의 판 초콜릿을 처음 판매하였다.
19세기중경	· 프랑스 일 에 빌렌 지방의 디나르에 사는 스위스 출신 프란타라는 제과인이 푀이타주에 로열 아이싱을 발라 알뤼메트 allumette라는 과자를 만들었다. 그 외 이 시기 푀이타주를 사용해 사크리스탱, 팔미에, 타

르트 올랑데즈, 피티비에 등을 만들었다. 그리고 슈 반죽을 사용해 페드논이라는 튀김과자, 뇨키라는 요리 과자, 혹은 슈 아 라 크렘, 에클레르, 파리의 센강에 지어진 새로운 다리를 의미하는 퐁네프, 슈에 치즈를 뿌린 람캥, 설탕을 뿌린 뺑 드 라 메크 등을 만들었다. 이 외에도 입 안의 감촉이 좋은 것으로서 바비에르 지방에 기원을 둔 바바루아 혹은 가토 브르통, 가토 드 젠느 등도 이 시기에 등장한다.

· 도밍고 기라델리가 샌프란시스코에 초콜릿 공장을 만들고 대성공을 거두었다.

| 1851년 | · 미국 볼티모어의 제이콥 팟셀이라는 유제품 판매업자가 암모니아를 이용한 기술로 아이스크림을 대량 생산하기 시작한다.

· 독일의 로텐푀퍼 Rottenföfer가 쓴『요리서 kochbuch』에 오늘날과 같은 바움쿠헨의 일러스트가 삽입되어 기재되어 있다.

| 1856년 | · 파리 프라스카티라는 과자점이 수녀를 이미지한 슈과자 룰리지외즈를 만들었다. 프랑스 요리인 위르뱅 뒤부아 Urbain(-François) Dubois(1818~1901)와 에밀 베르나르 Emile Bernard(1826~1897)가 공저로『고전요리 La Cuisinier classique』(1864년부터 2권으로 되었다)를 저술했다. 뒤부아는 앙토넹 카렘과 마찬가지로 한 접시씩 제공하는 서비스에 힘을 쏟았다.

| 1865년 | · 키예라는 프랑스의 제과인이 버터크림을 고안했다.

· 프랑스 제과인 피에르 라캉 Pierre Lacam(1836~1902)이『프랑스 및 해외의 새로운 제과인과 빙과 기술인 Nouveau

Pâtissier-Glacier français et étranger』을 저술했다. 또한, 그는 이탈리안 머랭을 사용한 앙트르메를 잘 만들었다.

1867년
- 독일에서 제빙기가 발명되고 빙과가 더욱 발전하게 된다.
- 프랑스 제과인이자 요리인인 줄 구페 Jules Gouffé(1807~1877)가 『요리서 Le Livre de Cuisine』를 저술했다. 그는 피에스몽테(공예과자) 장식과 요리를 보기 좋게 담는 것에 재능을 발휘했다.

1868년
- 위르뱅 뒤부아 Urbain Dubois가 『모든 나라의 요리 La Cuisine de tous les pays』를 저술했다.

1869년
- 줄 구페 Jules Gouffé가 『저장법 Le Livre des Conserves』을 저술했다.

1870년
- 칼 클락하르트가 독일에서 최초의 제과전문서라 할 수 있는 『제과전서 Das Konditorbuch』를 저술했다. 그는 1837년 바르메스퀴르헤에서 태어나 14세에 과자 견습공이 되고 유럽 각지에서 경험을 쌓은 후 미국에 건너갔다. 또한, 이 책은 독일 과자의 바이블로서 독일 제과자업계에 큰 영향을 주었다.

1872년
- 위르뱅 뒤부아 Urbain Dubois와 에밀 베르나르 Emile Bernard의 공저로 『예술 요리 La Cuisinie artistique』를 저술했다.

1873년
- 미국의 미카엘 패러데이가 액화 암모니아를 사용해 보다 강력 냉각하는 방법을 생각해 낸다. 이때부터 대량으로 아이

스크림을 제조하는 것이 가능해졌다.
· 줄 구페 Jules Gouffé가 『스프와 포타주 책 La Livre des Soupes et des Potages』를 저술했다.

1875년
· 스위스의 다니엘 피터가 앙리 네슬레의 협력을 얻어 처음으로 고형의 밀크 초콜릿을 만들었다.

1878년
· 위르뱅 뒤부아 Urbain Dubois가 『부르주아의 새로운 요리 La Nouvelle Cuisine bourgeoise』를 저술했다.

1879년
· 샤부라라는 파리의 과자점에 뷔슈 드 노엘 bûche de Noël 이라는 장작모양의 크리스마스케이크가 처음 선보였다.

1880년
· 이 해 상연되었던 오드랑의 오페레타 「라 마스코트」와 연관해 프랄리네와 커피 풍미의 앙트르메 「마스코트」가 만들어졌다.

1883년
· 조세프 파브르 Joseph Favre(1849~1903)가 프랑스요리 아카데미 Académie Culinaire de France를 창립하였다. 또한 그는 『실용요리백과전서 Dictionaire Universel du Cuisine pratique』를 저술했다.
· 위르뱅 뒤부아 Urbain Dubois가 『제과 및 당과 대전 Le grand Livre des Pâtissiers et des Confiseurs』을 저술했다.

1886년경
· 캘리포니아 카터 형제가 자사에서 제조한 아이스크림을 대량으로 먼 곳까지 운송하는 데 성공. 이것으로 아이스크림은 미국의 국민식이라 불릴 정도로 성장을 이뤄간다.

1887년	· 위르뱅 뒤부아 Urbain Dubois가 『요리학교 L'Ecole des Cuisinière』를 저술했다. · 프랑스 요리사 귀스타브 가를렝 Gustave Garlin이 『근대요리 La Cuisine Moderne』를 저술했다.
1888년	· 프랑스 라모트 뷔브롱이라는 마을에서 여관을 운영하고 있던 타탱이라는 노자매가 손님인 사냥꾼들을 위해 애플파이를 만들었다. 그런데 어느날 애플파이를 오븐에서 꺼냈더니 뒤집혀 있었다. 하지만 그것이 오히려 향기로운 맛이 되어 그 후 일부러 뒤집어 굽고 타르트 타탱이라 부르게 되었다. · 귀스타브 가를렝 Gustave Garlin이 『근대 과자 Le Pâtissier Moderne』를 저술했다.
1889년	· 위르뱅 뒤부아 Urbain Dubois가 『오늘의 요리 La Cuisine d'Aujourd'hui』를 저술했다.
1890년	· 이 해 상연되었던 플로베르 소설을 토대로 한 에르네스트 라이어 Ernest Reyer라는 작곡가의 오페라 「살랑보」와 연관한 엿을 씌운 슈 과자 「살랑보」가 만들어졌다. · 피에르 라캉 Pierre Lacam이 『과자의 역사적 지리적 비망록 Mémorial historique et géographique de la pâtisserie』을 저술했다. 이 외에 『제과의 비망록 Le Mémorial des Glaces et des Entremets de Cuisine』을 저술하고 있다.
1891년	· 파리시와 브레스트시를 연결하는 제1회 자전거 경기가 실시되었다. 이것을 기념해 자전거 바퀴 모양의 슈 과자가 만들어지고 파리 브레스트 Paris Brest라 이름지었다.

1892년	· 오스트리아 가수 헬렌 미첼(예명 넬리 멜바)에게 경의를 표하려 오귀스트 에스코피에가 페슈 멜바(피치 멜바)라는 이름의 복숭아를 사용한 디저트를 만들었다.
1894년	· 위르뱅 뒤부아 Urbain Dubois가 『오늘의 과자 La Pâtisserie d'Aujourd' hui』를 저술했다.
1896년	· 후에 에드워드 7세가 되는 영국의 황태자가 이 해 1월 어느 날 밤 몬테카를로에서 슈제트라는 여인과 식사를 한다. 그 때 제공된, 크레이프에 뿌린 리큐르를 타오르게 하는 디저트에 셰프는 그녀의 이름을 따 크레프 슈제트라는 이름을 선사했다.
1898년	· 독일의 요리사 젠리에트 다비디스 Senriette Davidis가 『실용적 요리서 Praktisches Kochbuch』를 출판. 가정용 요리도 포함한 요리를 해설.
1898~1955년	· 페르낭 푸앙 Fernand Point이 20세기 전반의 요리계를 리드하는 한 사람으로서 활약. 현대 프랑스요리의 흐름을 세련된 것으로 바꾼 주역으로 많은 제자를 배출했다.
1900년	· 프랑스의 타이어 회사 미쉐린이 운전자를 위한 숙박시설과 레스토랑의 안내 지도를 만들고 무료로 배포하기 시작했다. 1931년부터 제2차 세계대전 중을 제외하고 별, 나이프, 포크, 호텔의 건물 모양 같은 것으로 등급을 매겼다.
	· 밀턴 스네이블리 허쉬가 펜실베니아주 데리처치에 초콜릿 공장을 세우고 다음 해부터 생산을 개시. 순식간에 급성장을 한다.

	· 줄 구페의 제자이자 프랑스를 대표하는 요리인 귀스타브 가를렝 Gustave Garlin이 만국박람회운영위원에 선출되었다. 그는 요리를 장식으로 파악하고 '궁정용요리'라는 평을 받았다. · 프랑스 요리인 프로스페르 몽타네 Prosper Montagné (1865~1948)가 『삽화가 삽입된 요리대전 La Grand Cuisine Illustrée』을 저술했다.
1903년	· 오귀스트 에스코피에 Auguste Escoffier(1847~1935)가 최초의 책 『요리의 안내 Le guide Culinaire』를 저술했다. 그는 세자르 리츠와 힘을 합쳐 파리에 호텔 리츠, 런던에 리츠칼튼호텔을 세웠다. 또한 처음으로 레스토랑에 코스 메뉴를 도입하는 등 디저트를 포함한 현대 프랑스 요리의 기초를 확립했다.
1908년	· 프로스페르 몽타네가 퓌레아스 질베르와의 공저로 『군대 요리 La Cuisine militaire』를 저술했다.
1910년	· 프로스페르 몽타네 Prosper Montagné가 『식양법(食養法)의 요리 La Cuisine diététique』를 저술했다.
현대	[20세기에 들어 두 번에 걸친 대전이 있었지만, 제2차 대전 이후 경제도 비약적으로 발전하고 식생활도 풍부해졌다. 기호품으로서 과자 또한 크게 성장, 발전해 간다.]
1914~1918년 제1차 세계 대전	· 과자를 포함한 세계의 식문화는 잠시 그 행보를 늦출 수밖에 없었다.

가 『빈 요리 Wiener Kochbuch』를 출판. 프랑스 요리의 영향도 확실하게 받아들인 빈요리를 해설하고 있는 역작
- 프랑스의 프리슈 시미스트 J·Frisch chimiste가 『La Fabrication du Chocolat』를 저술한다. 20세기 초의 초콜릿 제조기계 및 초콜릿 제품 등 당시의 최첨단기술을 기재.

1926년
- 에두아르 니뇽 Edouard Nignon과 베르나르 게강 Bernard Guégan의 공저로 『식탁의 즐거움 Les Plaisirs de la table』을 저술했다.
- 프랑스의 루세 H·Rousset가 『Bonbons』를 저술했다. 한 입 크기의 초콜릿 과자의 제법을 상세하게 기록했다.

1929년
- 프로스페르 몽타네 Prosper Montagné가 『요리 전서 Le grand Livre de la Cuisine』를 저술했다.

1931년
- 프로스페르 몽타네 Prosper Montagné가 『식탁의 미미(美味) Les Délices de la table』를 저술했다.

1933년
- 에두아르 니뇽 Edouard Nigeon이 『프랑스 요리 찬가 Eloges de la Cuisine française』를 저술했다.

1936년
- 프로스페르 몽타네 Prosper Montagné가 『나의 메뉴 Mon menu』를 저술했다.

1938년
- 프로스페르 몽타네와 고트샬 박사의 공저로 『라루스 요리 백과사전 Larousse Gastronomique』이 발행되었다. 요리, 식품 및 그것들의 역사를 정리한 역저로 현재에 이르러서도 계속 이용되고 있고 여러나라 언어로 번역되고 있다.

| 1939년~1945년 | · 제2차 세계대전. 식문화가 발전할 상황은 아니었지만, 전쟁 이후 급속하게 부흥함에 따라 과자 분야도 눈부신 발전을 이루어 갔다. |

1939년~1945년

· 제2차 세계대전. 식문화가 발전할 상황은 아니었지만, 전쟁 이후 급속하게 부흥함에 따라 과자 분야도 눈부신 발전을 이루어 갔다.

1960년대

· 세계에 평화가 다시 찾아오고 과자의 세계도 안정되고 발전되었다. 또한 전기 냉장고, 냉장 쇼케이스가 보급되어 생과자류도 안심하고 만들어지고 찾는 사람들도 생기게 되었다.
또한, 파티스리(생과자, 구움과자류) 분야는 프랑스가, 초콜릿류는 수제 초콜릿은 스위스가, 양산분야에서는 미국과 벨기에가 리드해 간다. 빙과류는 수작업의 장점을 살린 이탈리아식이 유럽 각지에 보급되고 양산방식은 미국에 의해 확립되어 간다.

1970년대

· 전세계가 풍족해지고 각국간의 왕래도 이전과 다르게 자유로워졌다. 그 결과 파티시에들 간의 교류도 활발해지고 파티스리(생과자, 구움과자), 콩피즈리(당과), 글라스(빙과) 할 것 없이 고품격의 과자를 만드는 기술이 널리 보급되었다.

1980년대

· 급속냉동고에 대한 연구가 진행되고 순간동결이 가능해짐에 따라 생과자의 가능성이 확대되는 등 제과 상품 아이템 구성에 커다란 변화를 야기시켰다. 또한, 노동시간을 평균화시키는 데도 크게 공헌하게 된다.
· 이 무렵 프랑스의 거장 폴 보퀴즈 등의 제창에 의해 누벨 퀴진(새로운 요리)이 요리계를 석권해 갔다. 이 흐름을 계승해 과자 세계, 특히 생과자 분야에서는 누벨 파티스리(새로운 과자)가 동일하게 석권해 간다. 덧붙여 말하면, 입에 닿

는 감촉이 좋고 살살 녹으며 위에 부담을 주지 않는 것으로
무스 등을 축으로 한 상품 등으로 구성되었다.

· 초콜릿 분야에서 뒤져 있던 프랑스는 1980년대 후반부터
비터 맛을 선보이고 1990년대에는 단숨에 마일드한 맛의
스위스, 벨기에와 어깨를 나란히 하는 초코릿 업계의 주
역으로 등장했다. 또한, 파티스리에서는 나파주 관련 재료
나 각종 부재료가 충실해지고 그와 함께 감성도 한층 높
아져 갔다.

· 안전, 위생, 알레르기 문제를 포함해 건강이 세계적인 테마
가 되어 원재료의 유전자변형과 첨가물의 재검토를 포함
해 보다 자연 친화적인 방향으로 가고 있다. 제빵 업계 등
도 천연 효모에 의한 자연 발효 빵에 주목하는 등 식품업
계 전체가 크게 BIO라 칭해지는 자연식을 테마로 움직이
기 시작한다.

양과자 세계사
HISTOIRE · DE · LA · PÂTISSERIE

저자	요시다 기쿠지로
역자	이은종
발행인	장상원
편집인	이명원

초판 1쇄	2011년 5월 6일
2쇄	2015년 2월 5일

발행처	(주)비앤씨월드
	출판등록 1994. 1. 21. 제16-818호
	주소 서울특별시 강남구 청담동 40-19 서원빌딩 3층
	전화 (02)547-5233
	팩스 (02)549-5235
디자인	박갑경

ISBN	978-89-88274-77-4

http://www.bncworld.co.kr